U0305688

后浪

# 适应复杂

## 复杂

让管理 像拼图一样 有序省力

[德] 斯特凡妮·博格特（Stephanie Borgert）／著

寿雯超／译

# Die Irrtümer der Komplexität

Warum wir ein neues Management brauchen

江西人民出版社
Jiangxi People's Publishing House
全国百佳出版社

# 目录

# 阅读指南

## 为何要写这本书？

　　某金融服务企业市场部主管、企业代表还有我，我们三人正围坐在会议桌边讨论教练流程的相关细节。还没进入正题，就谈到了我最感兴趣的话题——复杂性，对此大家就自己的经验和认识各抒己见。市场部主管问我，要在一个错综复杂的组织中实现成功的管理，最重要的因素是什么。我稍作解释，其中牵涉到了不透明性、自组织和简化等概念。主管静静听了一会儿后深深地吸了一口气，告诉我："博格特女士，这听起来很不错，却不适合我们。或许它在刚起步的小公司行得通，但是对于拥有数千员工的康采恩集团并不管用，也完全不适合我们的员工。"

　　"又来了，"我暗自思忖，"人们在面对复杂性时总是这种奇特态度。"每个人都知道它，经历过它，有些人甚至能清楚地描述它，但几乎所有人都避之唯恐不及。他们下意识地认为，似乎只有当一个组织进行了充分地自我调整和梳理之后，才能应对当今世界中越来越显著的复杂性。"关系网络""自组织""不可预见性",诸如此类的概念显得太宽泛、太特别又太陌生了。

除了机构组织的弹性外,复杂性是我作为企业培训师和演说家工作中的另一个主要课题。近年来我不止一次地意识到,人们对于复杂性的了解是多么匮乏,而这并不是因为管理者不够聪明。纵观一般的管理培训,不难发现其中几乎都没有涉及复杂性,或是非常简略地带过,而线性方法论和因果思维依然是培训的主要内容。这就导致了在错综复杂的情境中出现的种种误解和错误。反映在个人层面,管理者或领导者就会感到力所不及或源源不断的压力。

现在让我们回到开篇的会议桌上来吧!正是在这样的情况下我决定写下这本书,希望将近些年来常常遇到的对于复杂性的误解转化为认识,并解开疑惑。我想借由这本书鼓励和传达这样一种理念:有时,即使微小的改变也能促成巨大的成功。同时我也希望能揭开复杂性的神秘面纱,让读者了解复杂性在我们的组织和团队中意味着什么,应该如何处理和应对。

这本书是为所有管理者和领导者而写的,因为这是一个与他们休戚相关的话题。但鉴于不是所有人都愿意重新改变自己的思维方式,所以接下来我会说明,这本书适合或不适合哪些读者。

## 您将读到什么?

本书将用轻松而严谨的方式探讨关于复杂性的几大误区,分析这些"陷阱"产生的原因,以及人们为何对此束手无策。这些误区通常源于个人的观念、性格、价值观和经验,对此书中将展开深入的探究。其实在每个误区中，都存在正确应对复杂性的方法，我将会在接下来的章节中具体介绍。当然，并不是每一个"陷阱"都是由复杂性导致的，但在复杂情境中，复杂性的影响力明显高于线性因果关系。由于我们探讨的这个主题本身就注定了它是错综复杂的，因此在实际运用中，应当做到具体问题具体分析。您无法找到与书中案例百分之百吻合的情况，所有的方法都需要在运用中加以转化。希望这本书能鼓励您去反思，获取新的观点，带给您柳暗花明又一村的体验和乐趣。

## 您读不到什么？

这本书不是一本简单的问答书，您在这里无法找到"如果这样做，就会……"式的快速见效的法则和菜单式的解决方案。复杂性问题都是非线性、非透明的，且处于不断变化中，面对各种错综复杂的状况和问题，本书无法简单给出一个最佳的实际解决方案。这是一个视具体情境而定的问题，关于这一点我将会在书中多次提及。

## 如何读？

本书将在每一个章节就一个具体的"陷阱"展开分析，以减少内容的交叉重复。如果您还是对其他章节解释过的某些概念感到困惑，可以参阅书后的术语表，其中罗列了书中所有的重要概念。

第1章引入了复杂性这一概念，同时阐述了它的几个关键点，如变化性、不透明性和自组织等。接下来的章节讨论在管理中普遍存在的 9 个常见"陷阱"。最后一章中将总结成功应对复杂性的一些重要能力和态度。读完这本书您将了解，作为管理者或领导者如何从整体层面克服复杂性甚至借由复杂性实现成功管理。此外，整体管理学中的重要理念在书中将以要点的形式标注。

⊛ 该图案为要点标志

## 谁适合阅读？

这本书是写给所有愿意分析世上的复杂性，以便能够更成功地进行决策、管理和领导的管理者和领导者的。它同样适用于对自己的观点、刻板印象、偏见以及陈旧的行为方式持开放态度的读者。如果您已经准备好尝试新的、检验旧的并调试自己的思维和行为方式，相信您会在阅读过程中受益良多。

## 谁不适合阅读？

无论出于什么理由，如果您没有兴趣思考复杂性的问题，我建议您可以合上这本书了。因为边阅读边思考如何去反驳书中的观点和例子，以证明它们是没用的，将会耗费您太多的精力。若您寻找的是菜单式的实际解决方案，那么您在这里也将一无所获。当然，如果您不想对自己和所在的组织进行彻底的反思、对存在的问题刨根问底，那么本书也不适合您。

**风险和副作用**

您开始思考复杂性时，可能会时不时地感到困惑："我现在应该如何做？""这是怎么进行的？"或是"难道没有解决办法了吗？"当我们无法理解或不能迅速找到一个解决方案时，这种情况就会时常发生。但它也是有意义的，正是在这种状况下，新的认识才得以产生，我们也才能开拓眼界，尝试新的想法。我衷心希望，您会开始用新的方式思考，做新鲜的尝试，用不同的角度观察这个世界，带着质疑精神，反思自我，并从中获得乐趣。

# 复杂性
## 是神话还是现实?

## 不同的"病症"，同一种"症结"

▷ "事情总是变得乱七八糟。"

▷ "我们在混乱中迷失了方向。"

▷ "我们掌握的数据资料太少了。"

▷ "我们无法纵览全局。"

▷ "这太复杂了，必须加以简化。"

▷ "如何能做出这样的一个规划呢？"

▷ "无信息，不决策。"

▷ "对此我们束手无策。"

最近您是否曾在无意中说过这些话，或是听您的同事、上司或员工说起过？其中不少一定让您觉得耳熟吧。我在与管理者或项目团队接触时，就常常会听到这些说法。诸如此类的表述还有很多，因为要形容"混乱"（⇨ 参见术语表）的状态，有许多可能的说法。当情况看起来不受控制，全局无法窥探时，我们往往就爱用这个词。这也恰巧说明，工作生活中的各种困难往往源于周遭的状况，而并非个人能力的缺乏。

这些句子仿佛魔咒一般，不时回响在各类组织的办公室。与此同时我们也在试图为频繁出现的混乱状况找出一个合理的解释。过去的一切都显得更简单平静，而现在所有东西是如此不稳定，变化接踵而至，没有人能将它看透，人们的压力也不断上升。近几年来，大家似乎找到了一个有力的理由，即复杂性。无数的文章、书籍和论文都在探讨这个所谓的现代社会的病症。项目主管们宣称，复杂性是他们在管理中最大的问题。各类研究引用了这种观点，并在管理人员中进行调研，试图了解复杂性给他们带来的挑战有多大。人们在思考如何能消除复杂性，或者至少能对它加以掌控。复杂性是一切的根源、成因、病症、问题和挑战，甚至是终极大魔王。

我们对原因的刨根问底暂时得到了满足。复杂性是一个现代的概念，也通常被不加鉴别地使用。但在许多研究和出版物中，却对复杂性的定义、成因及应对措施鲜有说明。

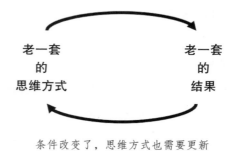

条件改变了，思维方式也需要更新

工作和生活中的复杂性是如何造成的，这既不是问题也不是成因。我们无法消除或减少它，同样它也不会自己消失不见，复杂是这个世界的常态。我们要习惯这一理念并接受这个事实。复杂性并非敌人，而是我们赖以生存和活动的舞台，提出简化是没有意义的。问题在于，如何应对复杂性，并在复杂的环境中获得成功。

从"我们对此无能为力，这就是体系"，到"必须研究出一种方法"，针对这个问题有五花八门的答案。把责任推到体系上，看上去简单明了，但这种行为其实就像原始人当年碰到剑齿虎时装死一样。正是由于对确定性和简单的渴望，人们才会致力于寻找保证确定性的方法。其实，对上述两种解决办法我们并不陌生。当人在挑战中遇到新鲜或陌生的事物时，总是愿意回到自己熟悉的领域中去。这恰好揭露了核心问题，即复杂性问题对现代组织管理而言是巨大而又陌生的。我们对它知之甚少，对采用怎样的方式处理也完全没有概念。

在咨询工作中，我不断遇到关于复杂性问题的各种误解和误区。不少管理者和领导者做出了错误判断，很大程度上要归结于他们缺乏信息和基于实际的自我反思精神，而非管理能力的匮乏。此外，人们总是倾向于为一个问题或一种行为找到具体的原因，以证明自己对它了如指掌。在陈述时，人们也总喜欢用"因为……所以……"的句型，试图将每一种情况都用因果关系来解释。这就是我在咨询工作中经常碰到的一个"管理信条"。

**"因果关系是始终存在的。"**最晚不迟于小学入学后，我们就开始接受因果式思维方式的训练。所以我们常会说："项目无法取得里程碑式的进展，是因为 XY 部门没有贯彻好计划"，或是"因为乔布斯，苹果公司才能获得成功"。一个原因对应一个结果，非常简明扼要。当我们回顾一个事情的经过时就会发现，无论面对成功还是失败，我们都会倾向于用因果关系进行解释。一个典型的例子就是我们常说的那句"我早就料到了"。在事前，我们早已对完成这个目标"胸有成竹"，比如认为只要在网站上宣传到位，就能在短期内实现高效营销，或是要提升成员之间的默契，就要进行一次团队建设活动等。

但是，无论是一个项目、苹果公司还是一个团队，其运转都并非以线性因果关系为特征。它们是错综复杂的，不能拆分为一环环的因果链，也不能简单地进行推理。在这里，因果关系和相互作用是两个容易混淆的概念。一个错综复杂的体系（⇨ 参见术语表）是由参与方之间的相互作用构成的。为了更好地理解这个概念，我们首先要关注的就是其中的关系和相互之间的作用形式。

"人多误事"，人们常常把一个错综复杂项目的失败原因归结于此。参与方越多，复杂性也越强，计划就无法顺畅地进行，这其实是一个误区。一直以来，众多的参与方从来都不是导致复杂性产生的根源。步伐统一的军队有很多士兵，但却依然整齐划一。复杂性源于参与方之间的彼此联结，即关系网络（⇨ 参见术语表），因此相互作用和变化性在这里发挥了主要作用，而人们所笃信的因果式思维则显得有些站不住脚了。在接下来的一些误区中，我们还会就这一点进行多次讨论。但我首先想说明的是，问题的产生正是因为我们试图在一个错综复杂的体系中实现线性管理而导致的。

**"我们必须确保稳定。"**我对那些不常进行改革的组织是最了解不过的了。它们在推进改革项目和进程时往往流于表面，只对那些变化中的框架条件做出反应。在不少领导者的头脑中，有一种观念根深蒂固，即确保稳定是他们要实现的最重要的目标之一。似乎"稳定"在一定程度上已经成了变化的对立面。试想如果我们真的这样做了，不久之后，新的想法、解决方案和创新精神都将销声匿迹。如果一个复杂的体系长期置身于稳定中，那它终将为自己的灵活性买单。我们必须要接纳它，并学会如何应对不断的变化，从员工层面而言亦然。当然，领导者要保证组织进行自我调整和恢复的时间，但这和整个体系的稳定性毫无关系。

**"我们必须团结一致。"**不少领导者坚信，解决错综复杂的问题等同于绝对的和谐与百分之百的认同。只有当所有人都同心同德，才算具备了排除万难的条件。复杂性和"服从命令"两者是无法相互协调的。这种模糊的理解导致人们走向误区，即处理复杂的问题和状况时需要彻底的一致性。而事实上，他们需要的是讨论，一种真正意义上的讨论。在这里，切实有效的交流、不同意见和观点的提出以及各种能力的发掘都是至关重要且必不可少的，因为复杂性需要的是各个层面上的多样性。

**"自组织就是，让它自由运转。"**"您的团队是进行自组织管理吗？""当然了，这太棒了，我什么都不用做。"很遗憾，这段对话并不是我虚构出来的，因为人们对于自组织的误解几乎不亚于复杂性。与"我什么都不用做"相反，自组织恰恰是它的对立面。每一个复杂的体系都是自组织化的，您可以去影响、干扰甚至阻碍它的运转，但它依然会保持自组织化。如果您是一位"不作为"的管理者或领导者，但最后却取得了不错的成绩，那要恭喜您，您可能运气不错或是有其他人促成了这个结果。纪律、规则和反馈是一个成功的自组织的三大基石，缺一不可。只有不断调整发展方向，及时就反馈做出调控，一个体系才有可能确立发展目标，而不必依赖运气。

关于复杂性有无数的定义、解释和误解。因此在接下来，我首先想详细解释一下这个概念，同时阐述复杂体系中的几个关键点。在有了一些大概的认识了解之后，我将勾勒出一些常见"陷阱"，并加以分析。每次我们都会从个人和体系两个层面来讲述，看看这种状况是如何产生的，而它又反映了怎样的问题。

## "果壳中"的复杂性

复杂性是一个新的现象吗？答案是否定的。那我们为何要在这个时间点来探讨关于复杂性的问题呢？这是因为我们越来越清楚地认识到，在一个组织中，复杂性程度的高低决定了我们决策和管理的空间。复杂体系绝非新问题，但在过去几年乃至几十年中，它的影响力却在日益提升。

其中的一个重要原因就是关系网络的日益密切。在整个社会中，尤其是在工作领域，复杂性程度爆炸式地急剧提升。互联网、新媒体和全球化仅仅是其中的几个关键词。和过去不同的是，如今我们所接触到的各类体系都是由许多部分或参与方构成的，而它们彼此之间又高度联结。这种关系网络带来了自身的变化性、非线性关系（⇨ 参见术语表）和不透明性。

近几十年，我们对这种系统理论观点并不陌生，但在管理中，它却在很大程度上被忽略了。长期以来，人们都把"错综复杂"（komplex）作为"难于处理"（kompliziert）（⇨ 参见术语表）的同义词来使用，并且认为，只要进行准确的分析，选择合适的方法，就能实现成功的管理。摆脱这种固有思维的第一步，就是了解并接受体系中的复杂性，包括任务、组织、问题和项目的复杂性。

**项目、组织等是错综复杂的，因为：**

▷ 它是一个开放体，与周边环境进行着信息（⇨ 参见术语表）和资源的交流。

▷ 每个参与方都根据启发法（⇨ 参见术语表）和局部的信息开展活动。

▷ 内部的非线性变化不时会制造"惊喜"。

▷ 它会持续不断地变化。

▷ 它的情况无法预估。

这五点说明了，您处在一个错综复杂的体系中。这里没有明确和最优的解决方案，许多部分、结构和过程都是间接显现的。

这正是我们在目前管理中所面临的最大挑战，即在无法保证确定性的情况下就要做出决定，在信息、时间、材料和知识等资源存在局限的情况下就要做出决定。对此，许多人觉得力不从心，尤其是在混乱时或紧要关头。

但目前我们还没有讲到，您在一个复杂的体系中应该如何实现成功管理或领导。此外，为了避免陷入"复杂陷阱"，您有必要了解复杂性的一些关键点。接下来，书中将依照体系理论，就复杂体系的几个关键点及其影响进行定义。这些概念还会在后续章节出现，就不再每次都重复解释了，您可以参阅书末附录中的术语表。

## 复杂性的关键点

**复杂性**（⇨ 参见术语表）：本书中，复杂性的定义与相关因素（参与方）的数量以及它们彼此之间的相互作用有关。复杂性程度取决于这两者的程度。参与方越多，关系网络越密切，复杂性程度也随之提升。从认知角度而言，一旦复杂性达到了一定程度，那么人们将无法全面掌握或理解这个体系。

**相互依存性**（⇨ 参见术语表）：当人们脱离了体系中的某个部分会发生什么？影响有多大？这个部分是至关重要的吗？要理解关系网络和相互作用，必须首先思考这些问题。

**变化性**（⇨ 参见术语表）：基于关系网络在一个错综复杂的体系中总是存在着相互作用，这就导致了变化是常态。因此，一个富于变化性的体系是不以人们的决定等因素为转移的。它持续不断地变化，这就对管理就造成了一定的时间压力。要在这样一个体系中做出正确的决定，只考虑目前的状况显然是不够的，未来以及与之相关的状况也必须考虑在内。否则，我们将只能获得一个极其简单的认知，而并非做出决策的基础条件。

**不透明性**（➱ 参见术语表）：我们无法完全掌控一个错综复杂的体系，只能接触到其中的一些部分。而体系的其他部分及其相互作用对我们而言是模糊而陌生的。这种固有的属性决定了计划和决策中的不确定性，这也是我们所必须接受的。

**反馈**（➱ 参见术语表）：反馈是复杂体系的核心调控机制。信息流入体系中，其作用或增强或减弱。这时，积极的反馈起到了促进作用，而消极的反馈则起到了削弱作用。复杂体系的这一机制对很多管理者或领导者而言都是陌生的，因此它极少被加以运用。

**自组织**（➱ 参见术语表）：通过参与方之间的相互作用产生了一种秩序，以及维持这种秩序的倾向。它是以体系的变化性为前提条件的。只有当我们理解了体系中的相互作用，才能理解这种秩序（➱ 参见术语表），或者说模式。外部影响无法解释这种模式是如何产生的。比如，只有在我们考虑了所有的相互作用后才能合理地解释一个市场兴起或衰落。一个体系不是由管理者或是其他的外部力量构建的，自组织是体系固有的，是以一定的限制（一系列规则）和变化性为基础的。许多管理者认为，"塑造"一个自组织是他们的任务。而事实上，他们首先应该停止这种做法，以免干扰自组织的正常运转。

**稳定性**（⇨ 参见术语表）：如果一个体系较少波动，更确切地说，在经历了波动之后能迅速恢复到初始状态，我们就说它是稳定的。在这一点上表现越出色，那么它就越稳健。在体系自我变动的范围里，我们力求达到的最好状态并不是稳健的，因为这降低了体系的灵活性。因此在本书中，我们所说的是变动的稳定性。也就是说，一个体系在受到干扰的情况下还能保持它的完整性，但是它在内容上可能已经完全变化或更新。

**限制**（⇨ 参见术语表）：错综复杂的体系也是在一定框架内运转的，并受到限制。限制作用于体系，同时体系也反作用于限制。比如，一个组织中的潜在规则就是一种限制。每一个员工通常能很快学会，在他们的组织里什么行得通，什么行不通。而人的行为也会重新对限制产生影响，并改变或者消除限制。

**多样性**（⇨ 参见术语表）：多样性即行为、交际和决策的所有可能性，它是一个系统所能涵盖的各种可能的情况。控制论学家威廉·罗斯·阿什比在他的必要多样性定律（阿什比定律）中这样描述：（从调控角度而言，）要对一个错综复杂的系统施加影响，人们必须使自身的复杂性与系统的相适应。复杂的系统需要复杂的应对措施，为了能够让自己在复杂的环境中生存下来并取得成功，各类组织首先要让自己变得复杂。如果是管理者而非整个团队来解决问题的话，那么这个组织只能运用管理者个人的复杂性来应对这个错综复杂的问题。

理解了复杂体系的这一特点后，再把它放到具体的组织和情境中，就会马上明白为什么有时我们的思考会陷入混乱之中。我们很难承认自己无法完全掌控复杂性。与此相反，我们总会努力搜集大量数据，进行许多分析，试图去一览全局，找到明确的决策。

复杂体系是以相互作用为特征的，它造成了体系的不可预测性，因此我们无法预估体系的走向。小小的变化会产生巨大的作用，这就是所谓的蝴蝶效应。但事实上，管理中的预估、预测、目标协议和项目计划都说明了人们对可预测性的期望。事实和期待在此互相冲突，让管理者们陷入了两难的境地。

此外在前期，我们无法为错综复杂的问题找到解决方案，又或许根本就不存在所谓的"最优"解决方案。许多方案其实不分伯仲，这更增加了我们决策的难度。复杂性意味着持续不断的变化，而外部框架条件的改变是以自身变化性为基础的。想要经受住这个考验，就必须一直保持灵活性，以适应各种变化，并在计划和决策时充分考虑到不确定性。

> 我们不是因为难而不敢，是因为不敢而感到难。
>
> ——塞内加[1]

根据过往的经验，我们可能已经充分了解复杂体系在实际中是如何运作的。尽管如此，我还是想要在接下来的部分简单介绍

---

1 Lucius Annaeus Seneca（约公元前4年—公元65年），古罗马哲学家。

一个关于这种体系的案例，因为它为管理者们设下了一个典型的"复杂陷阱"。

## 旱灾、玉米、金钱和援助——一个错综复杂的体系

由于持续的干旱，联合国世界粮食计划署 (WFP) 于 2002 年 5 月将赞比亚和周边五个邻国列为灾区。粮食援助计划启动，他们希望在最短时间里向赞比亚运送上万吨粮食。粮食全部来源于非洲之外的国家，其中大部分来自美国。同时媒体开始报道这次严重的饥荒，并呼吁全世界能够慷慨解囊。否则，根据预计，在 2002 年将有数十万人在这场自然灾害中丧生。

但情况到底是怎样的呢？ 2002 年初，赞比亚只申请了截至下一个收获季的最小援助，因为在 9 个省中，只有 1 个省遭受了持续性的旱灾。赞比亚政府宣称，他们仍有粮食储备，本国农民也有玉米的库存。粮食的紧缺是地区性和暂时性的，这根本算不上严重的饥荒。这些话是没有被听到，还是被故意忽略，我们不得而知。无论如何，世界粮食计划署还是将一吨又一吨的玉米从美国运往赞比亚。但关键是，运送的是转基因玉米。

2002 年 9 月，赞比亚总统利维·姆瓦纳瓦萨在约翰内斯堡的世界峰会上发言并宣布，希望美国把玉米全都运回。因为担心消费和种植的后果，赞比亚已经决定立刻停止接受任何转基因玉米。于是，27,000 吨玉米被运往了马维拉，并在那里进行了分发。希望美国不要再提供转基因玉米的要求引起了许多不满。相关负责

人称，转基因只是对基因在技术上进行了一些调整，而且美国人民也在食用这类产品。

2002 年，由世界粮食计划署运至南部非洲的 80% 的粮食都是由美国提供的。就全世界范围而言，美国是战乱和饥荒地区最大的粮食援助国。二战后，在马歇尔计划的框架内，美国首先对欧洲展开了粮食援助。20 世纪 50 年代，在欧洲农业步入正轨后，美国遭遇了严重的粮食过剩问题，美国农民要求政府支援粮食销售。于是在 1954 年，美国通过了农业贸易开发与援助法案，即 480 公法。法案中规定了如何在世界范围内进行人道主义援助、援助应达到何种效果，并协调了援助量和美国过剩农产品。此外，它还设法在粮食援助计划的框架内只出口并使用美国产品。

美国国际开发署（USAID）组织落实和协调所有的具体措施。它们只能出口美国的农产品，使用美国生产的包装袋，让美国公司进行印刷，最后由美国物流公司承担运输。480 公法中丝毫没有涉及捐款，因为它对推动本国经济发展无益。美国国际开发署称，自己面临的最大挑战之一就是无法预估全球对援助粮的需求量。而在美国国内，大概有一百万人依赖于援助计划"市场"。

1997 年以来，欧盟主要以捐款的方式对受灾地区进行援助。虽然没有明令禁止提供种子或食物，但一直以来实物捐赠都很难被付诸实际。理由是，与其进行救急性的援助，不如让受灾地区自己来更好地解决自身问题。

无论是赞比亚还是其他地区，这些直接接受粮食援助的受灾地区还会因此受到中远期的影响。粮食通常会运送到人口密集的地区或城市，这意味着农村地区无法得到粮食援助，这就导致了城镇化的长期进行。人们纷纷离开农村，在能获得粮食的地方定居，这也给该地区的基础结构带来了改变。此外，粮食援助还直接影响到了这些国家的粮食价格，国内农民卖粮更难了。普遍而言，在被援助的国家中，粮食援助所带来的不仅仅是食物，更给当地人民的消费行为带来了变化。

2002 年，就转基因玉米引发了一场激烈的争论。赞比亚指责美国只考虑自身的技术利益，置被援助国于不顾。赞比亚总统认为，用转基因玉米作种子，随着时间的推移可能会导致难以控制的改变。此外，玉米是非洲人的主食，食用这种玉米的影响和后果是完全难以预估的。对他而言，不确定性的程度太高了。

对此，美方回应道：只要将转基因玉米碾碎煮熟，一切都没有问题。美国质疑赞比亚突如其来的反对，因为几十年来它们一直乐于接受美国的粮食援助。美方猜测，欧盟才是隐藏在赞比亚背后的势力。美国国际开发署认为这纯粹是欧盟的政治阴谋，以谋求自身的经济利益。

欧洲方面则谴责美国，打着人道主义援助的幌子追求利益最大化。但这场争论中的三方至少在一点上达成了统一，即这是一个多层面的冲突，包括粮食援助、转基因玉米、经济和政治。赞比亚副总统伊诺克·卡文德勒曾在一次采访中一语中的：2002 年的赞比亚危机揭露了欧洲和美国在南部非洲进行着怎样的暗中角逐。他说："两象争斗，草地遭殃。"

这个例子只是"粮食援助"体系中的一小部分，但从中我们已经可以清楚地看出复杂体系中的一些关键点。这里所反映出来的变化性，在许多其他组织中同样存在，区别就在于主题、角色、问题和参与方不同。下面我将选取复杂性的几个关键点进行进一步地分析。当然这个问题还涉及一些道德因素，我们在下文中就不讨论了。

**因素的繁杂**：赞比亚作为一个国家自成体系。它在当时有 9 个省份、上千万人口，有着自己的法律、内外影响力，还发生了旱灾等重大事件。现在我们在"粮食援助"体系中再加入其他参与国、它们的产品、人和内外相互作用等因素，其复杂程度早已超乎想象。众多因素及因素间的相互作用让"粮食援助"体系高度复杂。虽然我们在这个例子中没有界定体系的具体边界，但可以想象，在外部还有许多其他的影响因素。比如说，交易所里浮动的数字就会影响到农业原材料的价格，而它又会继续对粮食援助项目及参与国产生影响。此外，各个参与方在很大程度上彼此独立，它们的行为主要以本地影响因素为基础。

**不可预见性**（⇨ 参见术语表）：由于体系中的非线性关系，对粮食援助的需求进行预测是不可能的。即便只改变一个极小因素，也可能产生巨大的影响。就比如在这个例子中，赞比亚出人意料地要求美国运回转基因玉米，并要求它提供"普通"的玉米。人们无法预料到这个转折，更何况它也并非一个小的改变，或许早有微弱的信号表明，赞比亚政府对转基因玉米持反对态度，但这些信号却没有引起任何注意。

**限制：**由于美国农业经济的调控项目，美国国际开发署只能购买本国的农业原材料，而不允许向饥荒地区直接捐款。另外，它们还必须选择本地制造商的罐子、标签和货架等。正是因为这些限制，在美国形成了一个依赖于人道主义援助的庞大市场。而美国本身作为一个体系，也由于这些限制发生了改变。

另一方面，对接受援助的国家而言，比起单一的粮食援助，设备、技术或资金的援助更有可能帮助它们解决自身问题。上述限制在赞比亚引发了城镇化和价格崩盘等问题。

一旦一个复杂体系因限制发生改变，那么它也会反作用于限制。1997年以来欧盟援助比例的不断扩大就很好地证明了这一点。它松动了之前的限制条件，从而让粮食援助更多地向捐款的方式转变。

**控制：**这个例子非常清楚地证明，想要按照预设实现中心控制是不可行的。世界粮食计划署决定将赞比亚列为灾区，并开始运入大量的粮食。如果说这个举措一开始对赞比亚还是有所帮助的话，到后来就根本没有意义了，因为赞比亚申请的是最短期最小程度的援助。赞比亚政府给出的反馈被忽略，或者至少没有被理解。再者，寻求中心控制会对整个体系都造成不良影响。美国试图控制自己的经济出口利益，世界粮食计划署则控制着粮食运送的规模和时间，因此参与方从外部而不是在"体系中"对粮食援助施加着控制性的影响。这种方式对实现个体短期计划会产生效果，但是从宏观层面来看，它会很快产生阻碍性的消极影响。

**稳定性：**提供农业原材料就能保证稳定，这样的想法实在太天真了，而事实也恰好与它背道而驰。在面临饥荒等严重危机时，粮食的确能帮助该地区重新恢复稳定，但措施的实施时间范围非常关键。在体系产生混乱时，采取稳定措施是必要的，因此赞比亚申请了截至下一个收获季的最小援助。赞比亚对稳定措施早就积累了自己的经验，它满怀忧虑地注意到了基础结构的变化。混乱阶段的稳定措施能简化问题，但选择立即进行大规模的粮食援助而非激活农业生产，将无法带来长久的稳定。

**层次级别**（⇨ 参见术语表）：粮食援助是一个错综复杂的变化体系，它包括许多子体系。每个子体系都与周围其他体系不尽相同，彼此间有着清楚的边界。美国是一个独立的体系，也是世界粮食计划署项目中的重要组成部分。它与非洲及欧洲间界限分明，但在交流上却是相互开放的。欧盟和赞比亚一样，都属于子体系。那么，我们到底该如何定义体系呢？其实，"体系"是以"边界"这个概念为基础的，比如什么属于这个体系，什么不属于。从宏观层面上来看，我们可以观察到每个农民、人口和资源等不同层次。这些层次级别，即我们可以观察到的各个层次，对复杂体系而言是至关重要的。在不同的层次上会体现出不同的模式、效果、症状和问题。只有同时考虑到各个层次，才能理解体系中的相互作用和影响。

**体系变化性**（⇨ 参见术语表）：在阅读前几页时，您可能已经感觉到，粮食援助计划首先考虑的是个体利益、目标和政治。我完全赞同您的看法，事实上也一向如此。这个体系中同样存在着最高目标、隐性目标、无目标和反向目标，在我们的项目和组织中也不例外，这就造成了体系的变化性。

再次回到我们的例子：美国强烈要求提供更多的援助，因为它想继续扩大市场并提升销售额。我不否定这一做法，因为美国希望进行的是人道主义援助。欧盟也同样强烈地表明了自己的目标，它希望能消除饥荒。这是两个明显互相对立的目标，而过去的经验也证明了不确定性由此产生，并最终把局势引向冲突而非合作。

这两个目标决定了对体系产生影响的决策和行为，决定了是捐款还是捐粮。每个决策和行为都会产生作用和副作用，只不过有的影响是间接性的，需要一段时间后才会变得显著，但它也确实在对体系产生着作用。我们要努力的，不是让一切都进展"平顺"，而是发现并领会复杂体系中的变化性。了解了变化性，我们就可以去施加影响，否则只能疲于应对体系的变化。

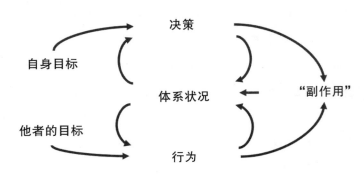

没有人生活在孤岛上

要判断粮食援助体系中哪里出了问题，或许是一件相对容易的事情。有人可能会说是参与方个人利益的驱使，或是受助国无法激活本国农业生产，又或是援助国的狂妄自大及气候变化等。通常我们会将自己的判断指向一个具体的事实，却忘记了，这也只是我们所观察到的暂时现象而已。同时，我们依然还在运用纯因果式的思维方式。其实，除了个体利益和对立的目标之外，最关键的还是我们与体系自身特点相冲突的行为。我们总试图去控制和支配，并判定每一个细节，似乎只有这样才能掌握事情的原因和影响。这个观念是所有误区的根源。因此我们需要理解复杂性，从而在错综复杂的体系中避免一些常见错误。

> 如果人人都按照自己的方式划船，那么船根本无法前行。
>
> ——斯瓦希里谚语

## 复杂性——管理的困境

在下面的章节中，我将一一解释复杂性的各种陷阱。如果我们没有认清这些误区，它们就会导致问题和错误的决策。此外，在面对复杂性时，我们总会犯一些基本错误，即便我们早就已经理解和接受了复杂性，它们仍然会不时发生。尤其在我们面对新情况，处于混乱的状况，或陷入压力时，错误更会频繁产生。为何会如此？是不是管理者和领导者们无能又无知呢？他们是否无法或不愿适应这个变化的世界？这是一些我们常常会听到的质疑。当然，人们在提出这些问题时通常是没有恶意的。

和记忆力一样，我们处理问题的能力也有局限性，所以我们必须要尽可能地节约并分配好精力。比如说，当我们试图降低问题的复杂性时，就会去追寻事件的原因，以便能更简单快速地做出决策。同时，我们还会根据自己的经验来观察当下的情况。而在进行决策时，我们总倾向于以熟悉的事物为基础。因此大脑总是倾向于"第一选择"，而非"最佳选择"。在决策时，我们也总会做出并坚持"第一选择"，而不是寻找解决问题的最佳途径。我们必须意识到，正是这种"节约精力"式的策略在影响着我们的思维和行为方式。

> 有两种危险一直威胁着这个世界，秩序和混乱。
>
> ——保尔·瓦雷里[1]

我们通过这种方式观察和记忆的世界，往往与世界本身有所出入。在过滤、忽略和歪曲后，脑中就形成了一个模式。只有当自己的方法和技巧行不通时，我们才会注意到这个模式和现实的差异。于是我们试图去减少这种差异，却发现两者并不能相互适应。

要让我们的模式符合实际，就需要在必要时承认错误，学习新的东西或改变观念。而这些做法往往被视为缺乏能力的主要表现，是应该要避免的。人们总是认为，适应世界、表达真相、运

---

1  Paul Valery（1871—1945），法国诗人。

用经验教条就能让事情变得更简单。比如有人会说："我们一直是这么做的，效果不错"，或是"我很清楚，没有别的选择了，没有必要讨论下去了"。事实上，复杂性恰恰要求我们不断去检验和更新这个模式。

在一个错综复杂的体系中工作，就必然会碰到不透明性、不可预见性和各种意外，这让许多人觉得无计可施。在这种情况下，一个对自己能力不自信的人往往会办事拖拉，或采取不作为的态度。能力是一个具备行动力的组织的基础。而一味自信的人往往会歪曲对这个世界的观察，有时甚至对失败毫无察觉，屏蔽了矛盾的信息，或是将责任推卸给其他人，认为问题的产生是由于他们缺乏能力。

面对复杂性时，有许多不恰当的处理方式。我列举了其中最常见的一些，为您在处理实际问题时提供一些参考。

**应对复杂性的错误做法：**

▷ 只关注症状而不探求原因：这永远只能解决暂时性的问题，因为它将症状与问题同等对待，没有透过现象看本质。

▷ 过度泛化：从少数并非相互关联的事件中推出一般性的规律和结论，并将它们运用于之后相似或并不相似的情境中。

▷ 对方法的迷信：为了避免未来犯错，或是让无法衡量的事情变得"更有确定性"，人们往往会找寻新的方法，或对现存方法进行加工，并无一例外地在方法中寻找原因。

▷ "项目制造坊"："当你不知道下一步该怎么办时，就成立一个工作组。"一旦任务无法解决，就启动项目。频繁设立项目，其合理性也是值得怀疑的。

▷ 盲目忙碌：许多人喜欢马上着手进行任务，而不愿把时间花费在计划和方案上。当问题陷入僵局，又不能看清全局时，只能依靠增加工作量来弥补。

▷ 短期思维：决策时只注意到近期的直接作用关系，而没有考虑到时间的延迟效应。在这种情况下，时间范围通常是由框架条件（如项目期限、定期合同、监事会任命等）决定的，与体系无关。

▷ 维护自己头脑中的模式，不愿受到现实的影响：我认为的，都是对的！

▷ 不愿倾听或理解反馈信息：没有运用复杂体系的调控机制，不理会任何一种形式的批评、肯定、观点、建议和微弱的信号，从而无法打开通向体系的大门。

▷ 缺乏"系统性思维"：在线性因果关系中进行思考、讨论和规划，没有考虑彼此间的相互作用。把注意力集中在一些细节上，而忽略了全局的把握。

亲爱的读者们，这就是我们置身其中的情境。在这样的条件下，我们是否还能简单地在组织中实现成功的管理呢？答案是否定的。那是否有一些方法、要点和工具能帮助我们应对复杂性呢？是的。那它有趣吗？当然。这本书能帮到我吗？一定会。这本书将帮助您摆脱陷阱，拓展您脑中的那个固有模式。

**本章要点**

▷ 我们的世界是错综复杂的，这是它的状态而非问题。

▷ 错综复杂的局面是无法看清的。

▷ 复杂体系是相互联结的、变化的、不透明的和不可预见的。

▷ 复杂的系统需要复杂的应对措施，而非单一的方案。

▷ 我们需要更新脑中的模式。

# 陷阱 1
# 简化带来成功

德国说唱乐队 Fanta 4 曾在一首歌中一语中的："一切原本可以变得简简单单，但事实上没有……"简化成为了时下宣传的热词。那么，这种对简化的偏爱到底源自何时呢？是 1999 年鲍里斯·贝克尔为美国在线（AOL）代言时的那句广告词"我在这里，这很简单"，还是 2002 年前田，约翰出版的著作《简单法则》？似乎无论在什么情境下，无论关于何种主题，我们都在被灌输着"简单"这个概念。

德国能源公司 E wie einfach 的广告告诉我们，使用电和燃气也可以变得实惠又简单（⇨ 参见术语表）。还有的广告宣称，只要准备好干净的酒杯，您就可以和邻居搞好关系。在这些广告里，原因和结果显得清楚明了。再留意一下您常逛的书店里的推荐书目吧，从《简单营销》到《简单素食》再到《简单护肤法》，关于"简单"的书几乎已经囊括了所有门类。

在以《简化……》为题的一系列书籍中，抛开我个人喜欢的不谈，仅《简化生活》一书就集合了对生活各个领域的建议，比如"简化爱情""简化节食""简化您的时间""简化您的一天"等等，一切都是如此简单。在这些书中，我最喜欢它的实用性，所有的具体建议都是以一个基本理念为基础的。用一句话总结我们生活中的简化就是：整理书桌，迎接幸福。您也没有想到，幸福会如此简单吧？而其中潜在的理念就是，人在整理时会把精力集中到纯粹的做事中，而不是被动地做出反应。此时，人自然就会感到幸福。这简直是太棒了！

我们很"倒霉"地生活在一个高度变化、密切联系的时代。这是一个以复杂为特征的时代，如何让"简单法则"与此相适应呢？答案就是清单法和排序法。当看见如"5 种常见的管理误区""11 条控制情绪的建议""关于项目中人际交往的 7 条建议"或"写邮件的 4 种错误"等时，您是否会饶有兴致地阅读呢？无论是减肥，还是牙结石，您都可以在网上找到与此相关的无数清单和日常推荐。

如果这些书籍、清单和建议依然不能满足您的话，那么您可能会选择参加一些关于"简单"主题的课程，比如说"减少复杂性"等。这些课程往往会引入一些最典型的实例。这些例子之于复杂性就像六西格玛之于革新一样。不过，运用课程中的方法并不会让您变得更成功，因为它不适合您个人的实际情况。此外，尽管有复杂性存在，或者恰恰因为复杂性，课程所涉及的内容也还是那些策略、工具、提升效率和效益的技巧等。一天的课程结束后，您很有可能发现，这些东西您也完全可以在"时间与自我管理"的课程中学到。

　　很明显，顾问行业已经意识到了"简化"的潮流，并将"掌控复杂性"设定为基本理念。在给出清单前，他们首先会根据您的情况设定出五步计划，即树立目标—概述—项目管理—删减—检验。这个计划是如此地简单，简单到似乎其中没有什么新意，与复杂性更没有什么联系。但为什么会出现这样的现象？为什么我们喜欢利用清单来工作？为什么我们喜欢简单呢？

　　因为简单带给我们确定感和方向感。没有混乱，没有阻碍，我们可以顺利前行。但事实上，简化带给我们的却是一种假象，即所有事情都能清楚地运用因果关系进行解释，仿佛我们简简单单就能弄清楚，什么时候该做什么。

　　请不要误解，其实在上面提及的几本书中还是有不少好的观点的。但有时候，一些书中只是简单地提到了一些不是那么有用的理念，而且它也不能保证标题中所说的一定是真的。所以，适可而止吧。如果一直坚信可以脱离复杂性，我们怎样才能树立一种对于复杂性的"健康"态度呢？或许我们应该再一次回到 Fanta 4 的歌中找寻答案：

　　"闭上眼睛，深呼吸，不再轻信你所见到的。你知道，人从来无法看透一切。你所需要的，是信赖和想象。所有人都有一个共同点，即便无人知晓。其实每个人都知道，自己一无所知。我们都一样。"

## 简单给予人安全感

在您工作的企业，休假申请流程是怎样的，一定很清晰明了吧？无论是手动还是自动流程，都必须先填写预计的休假的时间，然后提交给上级批准，最后将申请交至人事部，一般的流程都大抵如此。在接触到这个流程，熟悉了各种工具之后，您顺利地申请到了第一次休假。这很简单，您不需要为此操心，因为每次的申请流程都是相同的。因此，您感到确定和心安。

无论是休假申请流程，还是生活中的其他事情，我们都希望它是确定的。安全感是人类内心深处潜在的固有需求，其原因要追溯到人类的进化史。在原始时期，恐惧感是我们保护自身的重要手段。直至今天依然如此，即便有时候我们无法区分"真实的"恐惧感和"主观臆造的"危险。

但毕竟，恐惧是主观的，即便没有"客观"危险的存在，我们的恐惧感也是真实的，它会让我们在遭遇危险前选择逃离。如果说，危险在黑暗的原始时期是关乎生死的话，那么在现代社会则很少有如此严峻的情况。但是，这种恐惧感的保护机制依然存在，我们心中下意识的排斥感也依然在发挥着作用。

我们的祖先在面对剑齿虎时根本没时间考虑下一步应该怎么做，因为他必须马上采取行动。一般说来，我们在日常工作中所遇到的错综复杂的问题虽然不会危及生命，但也足以让人感到时间的压力。这是由一定的框架条件产生的，而通常经济的压力会要求我们迅速找到一个解决方案。人在这种情况下所感受到的压力以及面对压力时所做出的反应与我们的祖先如出一辙。压力让我们凭借直觉和本能进行反应和决策，而这时，脑干中的杏仁体就发挥了作用，因为它能迅速调动潜意识认知。

我们的决策有可能是逃跑、进攻或是装死。具体到如今错综复杂的问题中，逃跑可能意味着请病假、辞职、岗位调动申请或把工作派给他人。装死在这里表现为拒绝或无限期地推迟工作。当然，病假也同样算在内。那么在这种情况下，进攻的具体表现是怎样的呢？暴怒冒进通常不会成功，而仔细分析又缺乏时间，所以人们将希望放在了简化上，认为这样就可以避免危险了。然而，陷阱却隐藏其中。

　　❀ 简化不能解决错综复杂的任务和问题。

错综复杂的任务完全不能通过简化的方式来解决。在这里我们必须首先区分"简单"和"复杂"这两个概念。

## 可重复、可理解、不言自明的

许多组织推行的流程都是简单情境中的典型范例，它们有一些构成简单性的共同特征：其中的因果关系是简单的、一目了然的和可重复的。在简单情境中只有一种正确的方法、答案或解决方式。没人会质疑电灯开关的工作原理，按"开"灯光亮起，按"关"灯光熄灭。这是毫无争议的，因为每个人都知道这个过程。在这里，流程是原因，作用是结果。

让我们再举个例子：比如您之前和办公用品供货商约定，新

"这很简单啊!"

办公椅的送货时间是 3 月 15 日,并把这一点写入了采购合同。但现在您看了看日历,今天已经是 3 月 17 日了。很明显,供货商延迟发货,您会很自然地把这种情况归类为"太晚了"。所以您可以根据合同协议,做出相应的反应(提醒发货、取消订单等等)。

区分简单体系和复杂体系的关键点在于,是否具备可预见性。简单的情况隶属于有序的世界,人们可以清楚地发现其中的因果关联。当然,因果关系在复杂体系中也存在,但我们可能要反复回顾才能发现。一个简单体系是以高度的限制为特征的,而我们在之前的章节中已经对限制这个概念进行过解释。人们可以通过它来控制和预测行为,因此每个人都能做出正确的判断。

⚙ 在简单情境中，可以通过归类来做决策。

熟知的领域是简单的，因为我们都对熟悉的东西了如指掌。对所有参与方而言，内容是什么，如何进行都是清楚明了的。每个人都能理解其中的因果关联，大家不会有争议，这就确保了体系的稳定。在这样一种体系中，基于事实的"命令 & 控制"式的管理风格是行得通的，而控制也是一种适合的管理手段。在这里，任务得以合理分配，职责也自然明确。但有时候我们却滥用了这种控制手段，或将它运用到了完全不适合的情境中。

招标流程就是一个很好的例子。许多企业的合规条款规定，在招标时至少要有三方竞标人参与。但往往在某个专业领域中或在采购时，企业在招标开始前就已经有了一家有意向的合作方。在这种情况下，标书总会很明显地倾向某一个竞标人，而对其他两家而言仅仅只是走了一个形式而已。正是这种对流程的过度控制导致了"上有政策，下有对策"，也浪费了很多精力和资源。

⚙ 过度控制，会导致"上有政策，下有对策"。

我们总喜欢去简单地描述一种因果关系，却没有意识到事实上它并不简单。我们也常常会认为，自己能阐明简单的因果关联，却忽视了只有在反复回顾后才能对它进行恰当表述。

布兰德斯曾担任过德国最大连锁超市阿尔迪（Aldi）的经理，2013 年他出版了一本题为《简单管理：避免、减少和掌控复杂性》的书，书中谈及了他为土耳其某企业家协会做咨询时的案例。

1995 年，阿尔迪公司计划在土耳其开设一家食品分店，希望能占领土耳其市场。书中用明确的因果关系描述了影响成功的三个标准，即位置、商品种类以及价格。如果在这三点上做出了正确的选择，那么分店就会成功。

作者在书中也提到了第一家分店的创办过程。熟人被请到店中挑选他们在食品商店希望购买的商品，然后工作人员把这些商品放在地上，通过精心地整理为顾客"筛选"出了最优商品。他们删去了重复的，又增加了缺少的，一周之内分店就开张了。作者认为，这是一个非常简单有效的做法。

我不想否认这种方法的有效性，但从这本书的角度而言，说这个方法简单就有些牵强了，因为它反映出的更多的是一种实用性。当然，有一些经验数据可能已经证明了，价格、商品种类和位置的选择对食品市场领域的成功具有重要意义。但就每个零售商而言，它一直是一个错综复杂的体系，人们无法预言成功。而在我们事后回顾整个过程的时候，解释因果关系，做出推论就会变得相对容易了。它与简单无关，就好比在上面的例子中，销售归根结底与简单其实并无关联。作者和他的支持者们在不同的层面上进行了尝试，比如收集商品，利用顾客的不同需求整理筛选商品等等。归根结底，他们进行了一次"成功开设分店"的试验，但在看见结果之前，没有人能真的保证这种做法一定能取得成功。

⊗ 一味重复某种因果关系并不能确保下一次的成功，也不能简化问题。

## 因果陷阱

2013 年 11 月 19 日早晨，有两人在诺伊豪森奥普埃克附近的一次直升机坠机事件中不幸遇难，这原本只是一名 48 岁的飞行教练和他学生之间的一堂非常普通的飞行课。《虽不确定，但事故极有可能是人为失误引起》——这是报纸在事故调查后的报道标题。报道在第一段就向读者传递了这一信息。后文中还提到，事故调查员无法找到指向技术故障的证据。

明文如下："我们不知道当天在直升机中发生了什么，但是我们迫切需要找寻到事故的原因。"尽管不知道发生了什么，我们还是将它归结为人为失误，因为只有找到这个原因才能让人觉得心安。这样的因果关联是值得批判的，因为它同时带来的还有对逝者的道德评判和罪责判定。

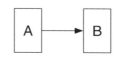

明确的原因，明确的结果

福岛核事故调查委员会认为，人为失误导致了这场本可以避免的灾难。即便不是复杂体系的研究专家，我们也不难理解在不考虑人的因素的情况下，福岛本身已经是一个高度复杂的体系。毋庸置疑，东京电力、监督机构和政府方面肯定存在决策失误、疏忽和错误，但却无法表明某个因果关联直接导致了这次不幸。

2011 年 3 月 11 日，当地时间 14:46 分左右，地震纵波抵达核电站，迅速造成 1 ~ 3 号核反应堆自动停止工作，其他反应堆因为维修并没有投入使用。14:48 分，反应堆涡轮机关闭，管道在剧烈震动中受损，开始渗水。很可能在这个时候，冷却水循环系统已经暂停运转。福岛第一核电站共有 6 个机组，它是日本第一座，也是发电量最大的核电站，但彼时却已无法连入海啸预警系统。

15 点 27 分，第一波海啸袭来，高度为 4 米。尽管核电站防波堤有 5.7 米高，后方的海水泵还是被损坏了。之后袭击核电站的海啸最高达到了 15 米，几乎"淹没"了核反应堆。它们被泡在了 5 米深的水中，而应急供电设备也很快被摧毁，反应堆内的压力不断升高。由于糟糕的交通状况，外部运送的发电机被堵在了路上，直到几周之后反应堆才得以暂时冷却。

简明扼要地说，核灾难的规模是难以想象的。在事故后，人们首先会问，为什么会发生这样的事情？人们想探究并了解事件的原因，找到责任人。与许多其他事件一样，在这个事件中，"人为失误"这个判断就显得过于简单了，它是人们主观推断的答案。一个如此复杂的系统是由无数的相互作用构成的，非线性的因果关系。此外，还有来自外部的巨大影响（如地震、海啸等），以及相应的边界条件（如防波堤高度、停止反应维修和堵车等）。如果把所有这一切关联都归结为一个简单的因果关系，那么我们就掉入了因果陷阱。

　　⚙ 我们渴望找寻因果关系，也会固执地认为，同样的结果必定是由相同的原因引起的。

我们通常能在短时间内迅速找到原因，明确责任人和过失方。这种因果理念在有些人的脑中根深蒂固，以至于他们有时看到的是根本不存在的原因，却忽视了真实原因。康拉德·劳伦兹认为，对因果关系的渴望是人类学习的"天生的导师"。

其实，人们对因果关系的探究并不局限于土耳其的食品零售或是福岛的核灾难，更反映在我们日常工作中的每一次际遇里，并在管理中得到了充分体现。我们可能都会对一件事进行"快速准确"的判断，不是吗？为什么 X 同事在工作上显得心不在焉？"他一定是最近和妻子关系紧张了。""领导现在发布这个指示，是因为……"同事 Z 在写工作月报时，在一个需求数据上碰到了麻烦，"那她一定是不够了解她的部门，没有掌握好相关情况"。

在这种想象中的因果关系里，我们的偏见和刻板印象占了上风，但我们依然希望能找到一个理由，探究"为什么"。人们都希望领导者和管理者能随时了解、掌握、控制和分析他们的数据、视角、目标、风险、指数和员工，而且最好能用简单的因果模式进行，因为这样做事情就会变得简单，简单的就是好的。所以，如何调和简化管理和应对复杂性两者之间的分歧也是您所要解决的问题。

成因对策让我们认识到，原因之间的相互联结是以局部的连锁形式和整体的网络形式呈现的。世界上没有一件事能够仅从一个角度进行解释。每件事都是一个相互作用的系统的产物，而它本身也是系统中的一个要素。

——鲁伯特·里德尔[1]

## 简单：通向混乱的捷径

简单体系是有序、稳定和透明的。似乎乍一看，这种简单状态就是我们所期望的理想状态。因为它更具有确定性，所以我们应该把各种体系化繁为简。但这一切都只是假象，因为当人们对此过于自信和自满时，这些看似稳定的体系就极有可能会陷入混乱。

在一个长期合作的团队中，自满的情绪会随着时间而不断滋长。团队成员互相了解，彼此知根知底，也懂得如何相处。团队中的每个人都感到在一起合作很和谐、不复杂。团队的潜能得以开发，团队合作的规则和价值早已经约定俗成。这时团队中柔性很高，而弹性则不断下降。这时候，团队往往会力求维持这种稳定的局面，甚至将它看得比革新和发展更重要。我在 2013 年的书《项目管理弹性》里曾谈到了项目组织中的这种状况，但其实它是一种普遍现象，我们在任何形式的组织中都可以发现它的影子。

> ◎ 一个保持"清楚透明"状态的团队很有可能会陷入自身的预设、模式和信条中，并倾向于极度简化。

---

1 Pupert Riedl（1925—2005），奥地利动物学家。

一个联系如此紧密的团队却也时时刻刻面临着意外状况。一旦有大的冲击来临，体系就会被颠覆或陷入混乱。结构调整、公司收购与转让、团队内部矛盾、部分成员的离职或高层变动都足以构成冲击，导致团队不再具备相应的灵活性和解决方案、处理方式的多样性，以致在面对问题时无法做出恰当的反应。这种情况下，就真的需要运用危机管理帮助团队重新恢复稳定，寻找新的目标。

**您应当注意的问题：**

▷ 质疑您的"原因假设"。

▷ 关注自己对问题的解释。

▷ 配合默契的团队容易自满。

▷ 配合默契的团队面对变化往往准备不足。

▷ 稳定体系的弹性不断下降。

▷ 对这样的团队进行有意识地"干扰"。

▷ 避免将错综复杂的问题简单化。


## 复杂体系中的简单规则

要在复杂的体系中实现成功管理，我们需要一些简单的东西，那就是规则。规则构成了限制，系统根据规则进行运转。而系统的表现反过来又会对规则产生影响，这就是相互作用，它并不存在于简单体系中。大自然给我们提供了一个很好的范例——

鱼群。鱼群本身就是一个复杂的体系，也是一个没有核心管理的自组织，但简单清晰的规则让高度复杂的庞大鱼群得以存在。

除了自组织的特征外，鱼群还显示出了强大的适应性。它们对外界影响所做出的迅速反应尤其令人印象深刻。如果一群鱼被袭击，那么其中每一条鱼生存下来的概率要远远高于独自受袭的情况，因为袭击者会晕头转向。只有鱼群在作为一个"整体"活动的时候，这一招才奏效，因为袭击者很难从中辨认出某一条鱼。无论是鸟群还是鱼群，它们所遵守的规则如下：

▷ 与其他鱼保持距离。

▷ 跟上周围鱼的速度。

▷ 避免相互冲撞。

从中可以看出，规则是如此简单，而行为是如此复杂。某些种类的鱼在受袭时会分成几个小的鱼群，从而迫使攻击者从中做出选择。未受到攻击的鱼游到了攻击者的身后，而被攻击的鱼则有序地游散，迷惑攻击者。这里没有一只鱼在做出、宣布或实施决策，鱼群只是互相影响，并对收到"袭击信号"的鱼的表现做出反应。只要5%的鱼受到了威胁，就能激发整个鱼群的强烈反应。

那么，究竟应该如何定义团队中的合作？在错综复杂的环境中，是否只需要少量的简单规则？这就是我们所要探讨的问题。在人事部或市场部的走廊，常常装点着以制度为主题的宣传画，而这些制度仅仅只是一个开始。您可能也会有这样一种感觉，这些基本制度因为涉及方方面面而显得过于宏观，即便起到了一定的作用，也会很快变得形同虚设。

根据我的经验，如今人们对核心规则的协商和确立缺乏重视。事实上，一旦有两个或以上的人聚到一起，就会自动生成规则。来到一家企业，我们很快就会明白什么可行，什么不可行，而其中的大部分都是通过非言语的方式领会的。因为这些规则往往不会被明确地说出来，而是暗含在企业的运转中。一个最司空见惯的例子就是"准时到会规则"。在您工作的企业是怎样的呢？允许开会迟到吗？其实，人们很快就可以观察并了解到开会的制度。如果有个同事迟到了，但这一行为既没有被提及也没有被认可，更没有对会议产生什么影响（比如没有等到他来了才开始会议），那我就明白了，开会来晚一点也没事，这条规则就这样被我记在了脑中。

> ⚫ 规则运转方式和规则本身同样重要。

规则涉及的是双方的相互期望。但我看到的普遍情况是，领导层对员工提出了各项要求，却没有倾听和了解员工的期望。期望产生于人和人的相互合作中。您的员工一定对如何被管理有自己的见解，而您也一定对员工的工作方式有所要求。在一个建设性的合作关系中，所有人都应该了解他人对自己的期望，只有这样才能做出恰当的反应。一旦无法或不能满足某种期望，及时进行说明并给出备选方案是非常关键的。

对一个团队而言，就一些必要规则进行讨论还有一个重要作用，即厘清并统一对规则的理解。如果团队成员就合作中的批评、反馈、行为举止、开诚布公等重要因素交流意见，那么接下来他们便能就某一方面达成共识。在团队中一个常见的情况是，许多人都在使用同一个概念，但他们对这个概念的理解却不尽相同。解决这一问题的途径就是开放式的交流。

**您应当注意的问题：**

▷ 在您的团队中鼓励开展积极的讨论。

▷ 在讨论中，将暗含的规则明确化。

▷ 了解员工对您的期望。

▷ 向员工表达您对他们的期望。

▷ 在团队中规定违反规则的处理方法。

说到规则，总有领导抱怨违反规则的员工。要了解这个情况，我建议您首先进行一下自我反思：您在企业里遵守制度的情况如何呢？是否偶尔也会有例外？我常发现，有些领导和管理者甚至在员工面前对自己的违规行为沾沾自喜。这常发生在涉及与员工无关的规则时（如配备相应的单位公车等）。如果您曾有过轻视规则的举动，那么在员工效仿这个行为的时候请不要讶异，因为您就是员工们的标杆。因此，千万不要轻视您自己作为榜样的力量。

## 简单管理，而非简化

在管理中所遇到的情况并不是一味简单、困难或复杂的，而是混杂了各种状况。所以，第一个重要的步骤就是加以区分和鉴别。

做出正确的决定

我们首先来看简单情境，并思考一个问题："如果情境和问题确实非常简单，应该怎么做？"在这种情况下，您应当确保流程的清楚流畅，以实现效率，实践最优方案。任务分配简单明了，并能营造直接、透明的沟通环境。

此外，您和您的团队应切忌自满，并不时反思你们共同的观念和信条，思考"我们对自身和周边环境的简单看法是否依然行得通"？同时，训练自身的警觉性，意识到在稳定性和生产率提高的同时，团队的抗压力和弹性会随之下降。即便有时候似乎能通过明确的决策和精巧的任务分配尽可能地摆脱这一局面，但也切记与您的员工保持良好的沟通。尝试在"微观管理"与"放任自流"中寻找一个折中方案，同时常常透过现象关注本质。

❷ 在简单情境中可以使用最优方案。

考虑环境和可能引发重大转变或混乱的因素，也是尤为重要的。我们无法避免公司收购、结构调整、产品停产等类似危机状况的发生，但是却可以尽早地做好准备，以做出快速正确的反应。没有一个转变或危机会毫无征兆地出现，但我们却常常忽视它。

在我们的（企业）文化环境中，人们习惯对强烈的信号做出强烈的反应，而相应的，对较弱的信号却通常只能做出较弱的反应。对此我们必须有所改变，而高可靠性组织就提供了一个很好的范例。对那些长期处于高风险环境中的组织而言，往往一个错误的产生就会导致致命的后果，因此即便面对微弱的信号它们也总保持着敏感。在实际操作中，保持敏感的重要方式就是训练自身的警觉性。警觉性在这里指的是对自我的监督觉察，以及对同事和环境的高度敏感。

❷ 恰恰在稳定简单的环境中，我们会倾向于把重大事件视作个别现象。

这些重大事件很有可能就是征兆，并在日后发展到影响整个体系。"我们有风险管理啊"，您可能会这样想。风险管理是不错，但它还是远远不够的。通常情况下，传统的风险管理只考虑到了最有可能发生的状况，而计划周期也局限于一定的时间范围内。要注意到微弱的信号和征兆，并能及时做出反应，就必须扩大预估的时间范围。在保险业，已有数家企业运用了早期预警系统。

凡事力求简单，但不要过于简单。

——阿尔伯特·爱因斯坦

瑞士再保险公司（Swiss RE）就引入了早期预警系统（SONAR，系统观察风险），借助它公司可以辨别、评估和管理潜在风险。此外，它还通过专家网络收集潜在风险的早期（微弱）信号。在这里，潜在风险指的是一个全新的或发生变化的风险，它难以量化，而且可能会对保险业及瑞士再保险公司本身产生重大影响。而观察这些潜在风险及其影响，所需的时间从一到三年甚至十几年不等。

有些风险的影响可能要很晚才能显现，一个典型的例子就是长时间的电力故障。通常在风险预估时，一般只会考虑几个小时的电力故障，但恐怖袭击等情况就有可能导致长时间故障的产生。SONAR 则将这一情况考虑在内。瑞士再保险对此进行了明确的分析，这个风险在过去虽然未曾大规模出现，但由于它在未来的影响程度尚无法预估，因此很有必要将它考虑在内。SONAR 涉及的其他风险领域还包括社会动荡、疯牛病、酒精果汁和纳米技术等。SONAR 背后的问题并非是何种危机事件会以多大的概率出现，而是我们的未来是怎样的。它帮助我们描绘出了一幅关于未来的丰富多彩的画卷，并在面对可能出现的状况时设计出了多样的应对方案。人们由此排除了自满的心态，而这也为进行充分的训练准备提供了可能。

## 本章要点

简化并不能减少复杂性。

▷ 简单体系是可预估的，可以找到一个正确答案。

▷ 对寻找因果关系的渴望让我们掉入了因果陷阱。

▷ 简单体系容易陷入混乱。

▷ 复杂的体系需要简单的规则。

▷ 警惕性帮助我们在简单体系中维持稳定。

# 陷阱 2
# 将错综复杂等同于
# 难于处理

至少 4 年的延期、超过 30 亿欧元的预算、欺骗以及尚未兑现的承诺，当我提到这些关键词时，您大概能猜出我在说什么了吧？没错，正是 21 世纪大型公共工程中最令人愤慨的项目——柏林勃兰登堡机场。不知您是否还记得导致这个烂摊子的原因？是的，就是防火设计。柏林市议会调查委员会总工程师曾宣称："防火设计还没有完工，因为它太复杂了。"

看到这里，我不由翻了个白眼，心想："又弄混了，这太典型了。"防火设计是一项技术工程，它不可以用错综复杂（komplex）来形容，而是难于处理的（kompliziert）。在设计中有变化的因素吗？还是有相互作用的关系网络？抑或是不透明的？都不是！因为连我这个百分之百的防火设计门外汉在深入学习之后都可以弄懂这套设备。

一段时间以来，混用"难于处理"和"错综复杂"这两个词几乎成了一种潮流。错综复杂成为了一个流行词汇。人们在试图阐释原因、问题、挑战和特性时，都会频繁地甚至不假思索地使用它，完全忽略了合适与否。与此相反，人们往往会用"难于处理"一词来概括错综复杂的关系。在此我想再举一个典型的例子，法国哲学家萨特曾这样描述过足球："对手的存在让足球比赛变难了。"

哈，可惜这句话说错了。在足球中，有难度的顶多是规则，而实际上，在比赛中使用的规则又是简单的，真正复杂的是比赛本身。您有能力预测到比赛的整个过程吗？应该几乎不可能吧！赛场上有 22 名（直接的）参与者，他们相互作用，同时受到了裁判的影响，此外还有气候、天气、策略和教练指导等因素。要预测？那是不可能的。

人们总觉得，错综复杂听上去比难于处理显得更高级。"什么？您的任务仅仅是难于处理的程度？我的是错综复杂啊，难多了！"面对难于处理情况，我们会觉得运用一定的策略能够加以应付，而提及错综复杂，总感觉它透露出了一丝无法解释而又深不可测的气息，是一个重大事件。现在，只要我们在无法解释时使出撒手锏"这太错综复杂了"，就没有人会继续追问，全都闭嘴了。这句话让我们能够更容易地掩盖自己的无知。情况难于处理，是因为我们尚未理解它；情况错综复杂，是因为我们永远无法理解它。

现在您或许会想，是不是有人故意把错综复杂和难于处理混为一谈？当然这是有可能的。但大多数情况下，我们的问题在于无法区分这两个概念，只有少数人去探究其概念背后的含义。人们通常会认为，较之于难于处理，错综复杂的程度更甚，是难于处理的 2.0 升级版。所以有时候，人们会用错综复杂来形容谈话、Excel 表格、摄影或是数据库。

　　所以，弄混这两个概念的不止柏林勃兰登堡调查委员会总工程师一人。翻阅一下关于这个话题的讨论，就能在网络论坛上找到大量使用错误的例子：

> ▷ "即使问题是错综复杂的，我们也能用更简单的方式解决。"
> ▷ （巴克特里乌斯博士，Alias 论坛，www.mikrocontroller.net）
> ▷ "错综复杂的概念本身也是错综复杂的，所以很难用简单的方式解释它。"
> ▷ （乔尼·奥伯韦安，Alias 论坛，www.mikrocontroller.net）
> ▷ "对个体而言，错综复杂与难于处理的程度不同。"
> ▷ （尤里·帕拉勒洛维奇，Alias 论坛，www.mikrocontroller.net）

　　您可能会觉得混淆概念没什么大不了的吧？如果仅仅出现在采访中，我也认为这不足为奇。但是，通常在用词混淆的背后，随之而来的就是相关措施的混淆。错综复杂和难于处理不仅仅是两个不同的概念，它们完全来源于两个截然不同的体系。我们无法用适用于其中一个体系的方法来解决源自另一个体系的问题。如果说柏林勃兰登堡机场的负责人真的将防火设计视为一个错综复杂的问题，那我敢说，这个机场怕是永远无法启用了。

## 错综复杂不等同于难于处理

我们为何会混淆或用错"难于处理"与"错综复杂"这两个概念呢？答案是显而易见的：它们在日常用语中都没有被明确界定。我们对两者的习惯性用法虽在情理之中，但却并不正确。当问题或任务有许多组成部分，且彼此又在某种程度上相互联系，我们就认为它是难于处理的。在我们的观念里，难于处理的体系一般比较庞大，无法一眼看透，但我们还是有能力了解和掌握它。反之，我们则将自己无法理解的事物定为错综复杂的。看来一般而言，人们区分两者的关键在于"能理解"或"不能理解"某一事物。

如果我提议把咖啡机归到"困难"一类，我想您应该也不会反对吧。它是一台机械设备，由许许多多的零部件构成，有明确的功能和便于操控的大小。即使我们不是电器设备专家，使用咖啡机时也会感觉比较轻松。相对的，我现在要把空客 A380 飞机划入"困难"这一类，您可能就会感到纠结了吧。要弄明白 A380 除非是专家，不是吗？当然。但我们所有人都能够成为这样的专家。与咖啡机相比，飞机的零部件更多，其中的关联也更为繁杂，但归根结底，飞机也还是一台机械设备。

要弄懂飞机，只是一个时间和研究深入程度的问题。在这个过程中，每个人都会有或难或简单的主观感受。如果它显得越难越枯燥，我们就会说它是一个错综复杂的体系。看起来，用词的选择好像是源自我们的主观心理状态，而非对系统本身的客观描述。要摆脱将难于处理和错综复杂混为一谈的误区，我们首先就必须明确界定两者之间的差别。

## 一切都"井然有序"——困难的体系的特征

不知您是否了解德国税法？它是德国 2700 万纳税义务人的权威大法。在过去的几年中，它经历了十次左右的修订，这一系列变化对许多法规都产生了影响。超过 200 项税法令和 10 万多项相关规定让"普通"纳税人应接不暇，捉摸不透。您是否知道心脏起搏器和假肢的营业税率降低了，但它的备用件和配件却依然征收全额税？另外，禽类蛋品和蛋黄的营业税率也有所下降，但不可食用的无壳蛋和蛋黄还是征收全额税。总有许多特殊规定和例外，当然还有例外中的例外。

这就是为何有超过 7.5 万名税务顾问活跃在这一领域的原因。一个令人头痛的税务体系也有"好处"，因为它提供了不少的税务漏洞。比如连锁咖啡店星巴克曾经 15 年都没有在英国缴纳过一分钱的企业所得税。当时所有的分店都运营顺利，并获得了绝对的盈利。然后，它们将约 6% 的知识产权费转入位于荷兰的欧洲总部，以此成功规避了在英国的所得税。这笔知识产权费背后的意义何在？由于那时星巴克欧洲总部位于荷兰，所以它在荷兰享受多方面的免税政策。如今，其总部已迁至伦敦，当然它就无法再钻这个税务漏洞了。

上述例子表明，税法初看显得混乱，让人捉摸不透和无法理解，这种情况不仅仅出现在德国。那么，为什么我们依然用"难于掌控"去形容它，而不用"错综复杂"呢？

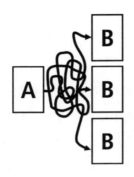

分析为决策奠定基础

当了解相应特征时，将困难的体系、事实和任务状况与其他情况加以区别，它们就并不困难了。

🔵 困难体系的本质特征是明确的因果关系。

我们在之前已经对因果关系进行过分析。在包括税法在内的许多法律中，都普遍存在着人为确定的因果关联。如果我向忠实客户派发礼物，那么我就可以免除一部分的税。这一点非常明确，是可以预计的，所以这个情况远远算不上困难。仅当受到大量规则的影响，情况才变得难于处理了起来。但是，尽管在困难的体系中有明确的因果关联，但它并非仅仅停留在单一层面上。也就是说，为达到同一目标可以采用多种不同的途径。在上面这个例子中，我可能就会向税务顾问咨询，哪项规定是对我最有利的，因为他是这方面的专家。

总结起来就是说：可能存在多种正确的解决方案，但是专家在前期分析时已经将结果都预料在内了。

对我们而言，似乎专家对某种情况的专业认识越深刻，就能越"简单"地找到其中的因果关联。"困难"是专家们的专业领域，他们通过对体系的分析找到可能的解决方案。我的税务顾问就会逐一研究税法中所有与客户赠品相关的法规，并将它们与我的实际情况相结合。最后，我们可能会共同决定怎样向税务机关报税。

因此，分析法是一种可以帮助我们进行决策的机制。在困难情况的范畴中，一旦我们因为对某个问题知之甚少或一无所知而感到无所适从时，便会习惯性地用"错综复杂"来形容它。但不管我们如何表述，问题本身还是维持着"难于处理的"特性不变，而我们自身也仍然处在一个"有序"的世界中，并能够厘清其中的因果关系。一直以来我们都希望自己最好能对这种"有序的"环境了如指掌，做到如鱼得水。从启蒙教育开始，我们就学到分析法是解决问题的最佳途径，几乎在所有情况中人们都可以明确地找出因果关系。遗憾的是，始终没有人告诉我们，在杂乱无章的世界中，我们应该如何寻找解决方案。对此，我们将在本章稍后部分展开讨论。

🜨 分析法是困难情境中的决策机制。

如果说难于处理的情况是专家们的天地，那么这势必也会对我们的管理产生影响。一方面，有声望的专家有时候就像女明星，盛名在外，打交道时总少不了各种繁文缛节。另一方面，作为管理者也要保持清醒，因为您和您的团队、部门或组织很容易就会走入所谓的"专家陷阱"。当未能成功完成一个项目时，我们总能在总结经验教训时听到这样的论断："要是当时能找到更多的 / 别的 / 更好的专家就好了！"我们总坚信，专家意见是解决一切困惑、问题和紊乱状况的制胜法宝。我们常急于翻找电话黄页，咨询某个领域的专家，因为我们是如此信赖他们，甚至不惜重金聘请，或甘愿三顾茅庐。专业功底越深厚、越全面，这位专家和他的意见就越"重要"。

在您的团队中，是否也有这样一位"有声望"的专家呢？好，那就让我们来好好分析一下。许多专家往往会从某个时候起就开始拘泥于自身的观念和影响力，然后开始排挤其他的观点和意见。新同事或非专业同事的看法完全不被重视，或只有部分被接受，因为他们没有达到可以和专家平起平坐讨论的水平。更有甚者，只要专家认为事实或问题超出了他的知识储备之外，就断然宣称它们"不存在"。简言之，专家不懂的，就不存在。

## 期待"意外"——复杂的体系无法预测

无论是置身于难于处理的还是错综复杂的环境中，领导和决策一直是管理中的两项核心任务。当我们离开有序的环境，面对错综复杂的关系时，如何才能提高成功的可能性呢？是否应该调试我们个人的管理策略？来自自然界的一个例子或许能在这一点上为我们答疑解惑。

这里有色彩斑斓的蝴蝶、热带禽类还有五颜六色的花朵，这里有遍布苔藓的绿色之洋，也有蕨类、藤类和参天大树：我们正置身于全球第三大热带雨林——东南亚热带雨林。6000 万年的历史让它成为世界上最古老的热带雨林，其中最重要的林区主要分布在印度尼西亚、缅甸和巴布亚新几内亚。

这个动植物世界简直就是一个热带宝藏。那里生活着可能是全世界最凶猛的犀牛——苏门答腊犀牛，云豹、长鼻猴和猩猩也在这片广袤的森林中繁衍生息。此外，这里还生长着无花果树、大王花（地球上最大的寄生植物）和食肉的猪笼草等。加里曼丹岛的土著居民是达雅克人，他们有许多不同的部落，说不同的语言，拥有不同的习俗。这就是说，在这个族群中有多个"参与方"。热带雨林的重要作用，就是要尽量减少温室作用，让二氧化碳转化为氧气。

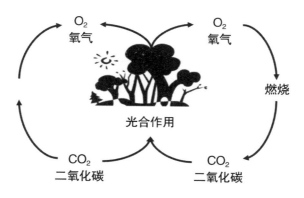

作用与反作用构成了循环

由于森林的破坏，二氧化碳浓度也随之上升。生态系统的第二项重要任务就是贮存水分，通过蒸发让水气循环进入大气。热带雨林的一个显著特征就是各个组成部分的相互作用和共生关系。这种在数百万年间逐渐形成的关系也是生态系统最主要的标志。一个物种的衰弱可能就会导致另一个物种生存概率的急剧下降。

生长在中南美洲热带雨林的巴西果树为我们提供了一个很好的例子：它的生存要依赖于生活在地面上的一种啮齿动物——刺豚鼠。没有其他动物像刺豚鼠一样，能用尖锐的牙齿撬开巴西果树的果核。在吃完后，它又将种子随意撒入土中。种子在土里生根发芽，并长成了新的大树。同样，巴西果树的授粉过程也是由另一种动物完成的，那就是兰蜂。没有它的帮助巴西果树就无法继续繁衍生长，这也是雨林相互作用关系中一个简单明了的例子。

在有的关系中，双方是相互依存的，比如蚂蚁就深谙此道。除了与植物、菌类和其他昆虫相互影响外，它和毛毛虫之间的关系尤为特殊。有一种特殊的毛毛虫会通过背部的腺体释放出一种有甜味的化学物质，而这种物质就成了蚂蚁的养料。作为回报，蚂蚁也会保护它，有时还在蚁穴中为它提供寄居之所。


试图预言未来，就像夜间行驶在黑暗的乡间小路，还要不时向后张望。

——彼得·德鲁克

很容易想象，变化和破坏会对热带雨林带去怎样的影响。面对农业开发、河流改道、气候变化等情况，雨林中各个因素的关系和相互作用必然要随之调整。这个错综复杂的体系远不仅限于各个部分之和。专家总能轻而易举地解释刺豚鼠和巴西果树之间的直接关系，用因果结构对它进行描述。但是，就热带雨林这个整体而言，我们必须将所有现存的相互作用考虑在内。如果刺豚鼠停止撒种，会产生怎样的后果呢？一旦一种植物的生长发生了变化，那么对其他的动植物而言又意味着什么？一个变化的影响总是由许多其他变动因素共同决定的。

> 只有事后再次回顾复杂体系时，我们才能够描述出其中的因果关系。

在我们工作的组织中，多数情况都是错综复杂的。它包括了变化和不可预知的因素，管理如是，销售改革和新产品的上市亦然。

相对于困难体系，复杂体系或情况的关键特征是什么？极其重要的一点就在于它的不可预测性。我们无法对它的现状或是未来进行全面的描述，只有在事后回顾时，才有可能找到并说明其中的因果关联。

通常在事后我们才能说，某一个新产品在市场上是否推动了销售额的增长，才能判断销售改革是否达到了预期的效果，也才能了解管理上的变革带来了哪些影响。尽管我们深信可以对情况进行分析预测，但归根结底，这不过只是我们不愿正视的幻想而已。因为承认它，就意味着分析法在复杂体系的决策中不再有效，取而代之的是试验法。

试验法？是的，您没有看错。在一个无法预先判定因果的情境中，我们必须要去检验（⇨ 参见术语表）和尝试，在观察结果之后进行决策，才能强化想要达成的预期目标，削弱或中止不期望产生的后果。从中，我们可以积累经验，并将它运用于新一轮的试验中。但无论如何，我们都无法确保能够准确地达成某种结果。

> ✎ 无法预估因果时，我们必须进行试验。

一段时间以来，苹果公司已经成为成功和创新企业的代名词。提到它，人们第一时间会联想到 iPhone、iPad、iPod 和 Macbook 等一系列在市场上大获成功的产品。当然它们只是公司整体构思的一部分，苹果一直遵循着一个明确的产品战略。尽管如此，我们依然可以找到苹果的一些不那么成功的新产品和新尝试。比如苹果的第一款音乐手机并不是 iPhone，而是"Rokr"。2005 年它问世时，人们可以通过 iTunes 将 100 首歌同步到手机中，但上市一年后苹果就放弃了这款产品。为了建立一个共同的企业体系，1992 年苹果与 IBM 合作，并为此成立了 Taligent 公司（取了天才"Talent"和智力"Intelligenz"两词的一部分合并而成）。但这一构想并未碰撞出新的火花，公司在 1995 年悄然消失。

1995 年，苹果还在电视游戏主机市场试水，它将许可开放给第三方生产商。在这种情况下，Pippin 上市，但却很快遭遇了滑铁卢。另外，不知道您是否还记得 Power Mac G4 Cube？乔布斯曾说，这个立方体形状的个人电脑应该会成为"电脑设计中的奥林匹斯"。但此款产品于 2000 年上市，2001 年便宣告停产。当然，苹果没有按照预期获得成功的"试验"产品还远远不止这些。

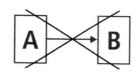

复杂是非线性且不可预测的

　　这个案例透露出的重要信息是，要将产品成功投放到市场完全是一项复杂的挑战。没有人能正儿八经地预言成功或失败。"我们早就料到了"这句话，人们通常只会在事后说，因为那时的因果关联已经非常明了了。一部手机里存放 100 首歌太少了，所以 Rokr 没有获得消费者的青睐。而价格远高于其他型号的立方体电脑 G4 Cube 也没有被市场所接纳。

　　当然，我们会尝试在成功或失败中总结出经验，从而想出新的策略。新策略的运用有时成功，有时失败。其实这与策略的对错无关，却应证了复杂体系的本质特征：我们总在事后才有柳暗花明又一村的感觉。纯粹地将它视为策略问题则意味着，我们认为它是可预测的，就像断定苹果的所有"i"系列产品总能取得成功一样。虽然事实也很可能如此，但为此苹果公司需要时刻保持强大的适应力和勇于尝试的精神，因为市场和顾客不是一成不变的，也无法预测。

试图用困难情境中的方案来解决复杂情境中的问题，并不是成功的做法，也无法为创新和新产品提供良好的环境。在这一方面，最难的就是领导者和管理者思维方式的转变。要摆脱原有的有序、可预测的环境，将检验作为新的决策手段，这让许多人感到十分困难，因为这与他们在过去几十年中构建的一套管理思维几乎背道而驰。

　　转变思维的第一步在于接受复杂性本身以及它所属的一切。

## 困难与复杂的管理方式

通过之前的论述，我们明白了错综复杂和难于处理不是一回事，两者源自两个截然不同的环境，而这必然会对决策和领导产生重要的影响。在两种情境中，如何能更好地对员工进行管理？作为领导者和管理者首先要对两者加以区分。

| 困难 | 复杂 |
| --- | --- |
| 原因—结果 | 原因—影响 |
| 分析 | 检验 |
| 有序的 | 无序的 |

一旦混淆，后果不堪设想

您或许在日常管理中常会遇到困难的任务或问题，这时您就要安排相应的专家，解决相应的问题。但也许不是面对每个问题时，您都能在您的团队或企业中找到最好的专家。但没有关系，其实您可以问问熟悉情况的员工。专家会给您提供所有可能的分析，陈述对事实的研究，并确定如预算、期限和可能的方案等框架内容。您也很有可能预先就在心中确立了一个筛选方案的标准：低成本、见效快、出色或简单等。这就是我们解决问题的一贯方式，它没有什么新意，也没有什么特别之处。但与此同时，在对专家的管理中其实也存在挑战。如何应对这个挑战，我们将在之后的章节中进行详细讲述，在这里我们把目光集中在复杂情境和系统的管理上。

> 我们之所以异常坚定地相信因果关系，并非因为事件依次发生的牢靠习惯，而是因为我们除了用意图来解释一个事件外，无法以其他方式来解释。
>
> ——尼采

在您的团队中，是否大部分的员工都是精通专业领域的专家？如果是，当然很好，但请您设想一下遇到问题和挑战时的情况。有时，专家在错综复杂的领域会遇到一些困难。他们无法很好地处理不确定或不可预测的情况，因为他们习惯于分析法，追求明确的因果性。要求不擅长应对琐事的专家立刻通过试验的方式进行决策，的确有些勉为其难了，因为在错综复杂的领域解决问题也可能意味着寻找之前从未有过的全新方案。

> ⚙ 问您团队中的专家："情况怎样？"，而不再
> 是"是否可行"，这样才能充分发挥出他们的
> 作用。

电影《阿波罗 13 号》为我们展示了一个非常生动的例子。有一个场景是专家们必须在时间高度紧迫的情况下将二氧化碳过滤装置与空气净化系统相连接。但其中一个接口是方形的，另一个则是圆形的。我作为一个门外汉都知道这是不可能的，但它关乎太空舱内宇航员们的生死存亡，所以无法轻言放弃。地面上的专家们拿到了空间站里各种各样的材料，接到了尽快找到解决方案的任务。最终，专家们终于利用宇航服和塑料找到了解决办法。

当然在日常生活中，我们肯定不会经常像阿波罗 13 号任务控制中心的专家们一样置身于如此巨大的压力之中，但案例中的某些方面还是非常值得我们在团队任务分配和整合小组时借鉴思考的。面对错综复杂的问题，您需要保证团队中专家和非专业通才的人数均衡。这些非专业通才对知识的了解可能不够深入，但他们却能找到事物之间的关联，注意到彼此之间的相互作用。而他们由于缺乏专业背景提出的稍显天真的质疑却恰恰能激发出富于创意的新想法。

显而易见，在错综复杂的情境中进行管理时，人们无法提前做、提前说或提前想，因为这无法做到，也无须做到。

> ⚙ 更确切地说，管理就是营造一种"合适的"
> 环境，并对体系做出恰当评估。

要对复杂环境进行最优化，就要制定正确的规则和框架。一整套清晰、透明和易懂的规则保证了自组织的运转，让它的自我调节成为可能。鱼群与鸟群也正是这样运转的（参见前一章）。它们遵循的简单规则如下：

1. 朝着视野范围内的中心方向移动。

2. 一旦与其他个体过于靠近，就离开并保持一定距离。

3. 移动时与周围个体保持大致相同的方向。

当然，管理复杂的体系没有放之四海而皆准的规则。您必须自己探寻，哪些简单规则能为您的组织带来成功，并不断地进行调整。世上没有任何一套固化的规则可以直接被运用到实践中。一旦情境、团队或任何一个条件发生改变，相应规则可能也必须做出调整，以实现组织的自我调节。作为领导者，上级往往给予了您一定的支配空间。对此您应该加以利用，尽可能地和团队成员一起确立各项规则。对于无法回避的问题，预先制定规则。充分发挥出支配空间的作用，在检验中找到最佳的模式。

**您应当注意的问题：**

▷ 在许多组织中，复杂性专有概念的使用是一大难事。诸如"检验""试验"和"不透明性"等都与组织文化不相符。

▷ 尝试使用不同的概念，您将能沟通困难和复杂两个世界。

▷ 对员工不采取硬性规定，而是邀请他们共同参与。

▷ 无论是员工，还是您的管理，只要对于复杂性还有畏难情绪，或者在这个问题上碰过钉子，上述理论都适用。

不少人曾问我，这样做是否真的行得通，这个方案是否适用于每一个员工。我的回答是：是的，能行得通。自组织的一个典型案例就是斯图加特的 Vollmer und Scheffczyk 公司。这家小咨询公司是目前德国为数不多的运用这种管理模式的组织。

如果我说，在机械制造领域实现成功的企业咨询管理是一件复杂的任务，您一定会赞同吧。让我们首先来详细了解一下它们的合作模式。公司领导层认为，奖金制度这种商业惯用的员工调控方式从长远来看只会导致个人利益的最大化，因此公司决定采用一种全新的方式。在 Vollmer und Scheffczyk 公司，每个员工不仅能自己决定薪水，还能自行决定何时休假，休多久的假。但他们要把情况向其他员工进行说明，所有的细节都是透明的。

自然而然地，这种制度在公司内部引发深了人讨论，这也是公司所希望看到的。最后的结果就是，薪金水平会有一定程度的下降。因为每个人在任何时候都能了解公司账务，进而掌握公司运营情况。而每个员工的自我责任感也随之提升，因为他能清楚知道，公司目前是否能负担他既定的薪水和休假。在这种模式中，肯定也会出现一些把谋取个人利益排在首位的人，但这种人不久就会被"体系"排除在外，或自愿辞职离开。能够长期留下来的都是赞同这种责任方式，能够适应它，且思维灵活的人。当然，这个例子可能并不适用于所有组织，它只是提供了其中一种可能的途径。我们还将在"陷阱 9"这一章节中详细讨论组织的类型和方案。

　　管理一个复杂的体系首先意味着推进自组织建设，强化自我管理。领导者和管理者属于主管机构，负责评估判断，并在必要时进行一定的干预。干预时，没有必要抓住每一个异常的情况，关键是要修正体系的整体方向，评估体系是否正在朝着目标的正确方向发展，是否实现了相应的成效。达成目标的方案将不再是既定的，而是由团队中所有的员工共同寻找。他们必须要共同参与，勇于提供观点并进行尝试，勇于面对可能出现的失败。

　　◎ 失败是寻求新的解决方案及促进创新发展的
　　必经之路。

　　以上这一点适用于经验相对缺乏的组织或团队。如果说试验或检验是决策工具的话，那么不容犯错的理念就是不合时宜的，因为这意味着又退回到了命令和控制的老一套上。试验法应该对错误和未曾预料到的结果有较高的容忍度，否则尝试也仅仅是尝试而已，一切都会以传统式的判断而告终。在运用试验法的过程中，您可能会暂时性地陷入困境中，因为复杂的体系并不会因您而停滞不前，它处于不断的发展中，其变化之快可能会超出您的预期。所有这些都对管理者和领导者提出了更高的要求，您需要有直面不确定性的勇气，同时成为沟通不同环境情况的纽带。在错综复杂环境中最重要的几点因素如下：

▷ 允许犯错。

▷ 允许并鼓励讨论。

▷ 允许关系网络的存在。

▷ 允许在失败中学习。

## 本章要点

▷ 难于处理和错综复杂是两回事。

▷ 困难体系是可预测的，有多种可能的解决方案。

▷ 在事后回顾时，才能对复杂体系中的因果关系进行描述。

▷ 犯错是解决错综复杂问题的途径。

▷ 错综复杂的体系是一个自组织。

▷ 自组织需要简单明确的规则。

陷阱 3

专家能搞定

您上一次找工作，读招聘启事是什么时候呢？首先会留意的内容是什么？十有八九是一条条对能力和资质的要求吧？您一定会在心里默默权衡，自己的专业知识是否和要求相匹配。因为您是专家，而招聘的正是专家。通常而言，企业要招聘的是某个专业领域资质深厚的专家，这一点往往会体现在开头的职位名称里，也可以在启事中"需要具备的能力"一栏中读到。

　　例如某家汽车工程技术服务商现要招聘一名"轴和齿轮方面的专家，男女均可"，工作任务为齿轮、轴和轮毂衔接的宏观及微观几何形状设计。此外，职位的要求还包括工程专业大学学历，掌握汽车领域专业知识，了解齿轮和轴在批量生产中的规格要求等（如材料品种、热处理和残余污垢处理等）。很明显，这里要招聘的就是一名专家。

　　当然您也会在招聘启事中读到诸如灵活性、敬业精神、抗压力、面对顾客的展示推介能力和团队精神等字眼。但说实话，这些通常都不是关键词。在面试中，深入谈及和考量的往往是专业领域方面，因为每个雇主都希望能谨慎行事。最坏的情况就是应聘者并不是一个完美无缺的专家，这就有些糟糕了。但究竟灵活性、敬业精神等在一个企业的环境中究竟意味着什么，作为候选人，他是否真的具备这些能力，对于这些问题，其实人们往往很少或完全没有考虑在内。这些都只是软因素，而专业能力才是最重要的，不是吗？我们对此深信不疑，而这种情况也可能会继续持续下去。

这不由让我联想到了德国一些身居要职的政客。在内阁中，各个部长职位和专业知识的匹配情况如何呢？尽管通常而言，在"普通"工作中跳槽的行为并不是那么招人待见，但我们的确还有几名"跨职能部门"的部长，他们谢绝了某些部长职位，比如我们从冯·德莱恩的生平中就可以窥见一斑。她在大学攻读的是国民经济学和医学，作为联邦部长任职的第一个职能部门是家庭部，后来又继而出任了劳工部和国防部部长。期间，健康部长职位曾虚席以待，但被她拒绝了。有些评论尖刻地指出，这是因为她出任这个职位"得不到什么好处"。

但是回到资质这个问题，直到冯·德莱恩出任国防部长时，我还是没有从她身上找到与"具备扎实专业技能"相匹配的地方。国民经济学和医学与国防的关系可谓是风马牛不相及。同样，我们还有一名担任食品和农业部长的法学家，以及一名专业为财务管理的家庭、老人、妇女和青年事务部部长。而经济事务和能源部部长曾是一名高中教师。在这里我真的要恭喜我们这些部长了，因为在"现实"生活中，他们可能在第一轮投简历时就会惨遭淘汰。淘汰原因：缺乏专业知识。

可能我们不应该把问题看得如此狭隘，因为这毕竟是政治领域，涉及的都是真正重要和有深远影响的决策，而非某个企业的某个职位，两者在首要任务上就存在着本质区别。但上述例子也说明了，一旦掌握了某项专业技能，即便工作领域发生了变化，它也会持续存在。所以，冯·德莱恩早年推行家庭友善政策，而后来她的政策也惠及了联邦国防军。

好吧，可能我们在过去这些年已经逐渐了解和接受：要做好一个工作，专业知识并不是全部。除了专家，我们还需要其他的，比如非专业通才。不少企业似乎也意识到了这一点，并马上将招聘职位的名称从"XY 专家"改为"XY 通才"。

比如最近某家大型 IT 企业正在招聘一名"IT 进程咨询通才，男女不限"。如果不继续往下读，并不会觉得这有什么问题。但通篇读罢，便会恍然大悟，原来这家公司需要的，简直是"加了蛋的全脂奶"啊！其工作职责涉及从销售支持到专业研讨会，从管理错综复杂的项目再到项目组合管理。当然，也少不了 IT 职位中常见的专业要求，比如大学学历（或同等学力）以及至少五年的工作经验。

接下来，招聘启事中还罗列了一些对能力的要求。如果您认为，这个职位不要求深厚的专业功底的话，那就大错特错了。除了专业知识外，应聘者还需掌握各种不同类型的方法和工具。读到这里，它早已和"通才"这个概念相去甚远了。该企业要寻找的，归根结底还是一名专家，或者说能解决各种跨领域问题的专家 2.0 版。

要找到这样一个人是很难的。因为首先，专家们通常喜欢在或仅仅在自己的专业领域工作，承担一个职责清晰的角色。其次，通才就是通才，他并不是专家的升级版。再者，通才这个字眼肯定吓跑了不少应聘者。在一个如此信赖专家的社会（当然政治领域除外），没有人想成为一个非专家。

不要再自欺欺人了，事实上我们会如何招聘这个职位呢？当然还是要看应聘者是否真实具备相应的专业知识。第一轮筛选会在实习生中展开，因为把招聘要求和简历中的每一条相匹配还是一件很容易的事。接下来我们会想，在这些人中，只有某人的专业知识达到了要求，他才能获得这个职位。我们也相信，只要专业过硬，他就能做出成绩。那么问题来了，这是否意味着，我们只有找到了合适的专家，才能获得成功？很显然，我们都没有弄清楚这一点。


## 我们的身上多少都有专家的影子，不是吗？

您是哪方面的专家呢？我猜，您至少会给出一种答案吧。最晚在职业生涯阶段，我们所有人都慢慢成了专家，变得越来越专业化。早在高中时期，我们就开始选择专业课程，开启了专业化进程（即便当时的选择并非完全出于自愿）。接下来的培训和大学学习又让您在专业领域持续发展，从而成为一名企业管理、法律、信息学、医学、汽车行业或电子学等领域的专家。

在此期间，各类媒体会带给人这样一种印象，即专家们总能提供意见、发表观点。他们会在报道、文章和脱口秀中侃侃而谈，即便是再困难的问题，也都能迎刃而解。其强大的分析能力和渊博的学识令人印象深刻。因此您认为，专业知识对职业发展起到了至关重要的作用。大学毕业后，您已经掌握了一定的专业技能，并希望由此找到一份合适的工作，而许多职位也无一例外地向专家抛出了橄榄枝。因为您早就自认为是专家了，于是便从事了一份专业度较高的工作。为了更好地完成工作，接下来您便继续不断地提升和完善自己。至此，您的专家生涯发展蓝图已经逐渐清晰，您将会收获您所追求的认可、事业、金钱和影响力。

我们总是坚信，专家在工作中一定能出成绩。而几十年来一贯的观点就是，深厚的专业知识功底是解决问题和激发新想法的保障。在这种观念的影响下，我们成长，接受教育和培训。在世界变得更难以应对、更专业化的时代，我们依然还是把注意力都集中于此。

这当然有它的优点。当您身体不适的时候，肯定会找到相应的专家而非全科医生看病。汽车出故障时，您也很有可能会把汽车送到信赖的 4S 店或有维修资质的地方。这同样适用于体育领域，比如我们会找在某种运动项目上有专业资历的教练员。阅读时，我们会挑选著名专家的专著，却从不会去读一本门外汉撰写的关于人力资源策略方面的书。我们只相信专家，所以也愿意让自己成为专家。

毕竟，专家精通某个领域的专业知识，或对某些主题有深刻的见解。他们是好的分析家，掌握各类不同的解决方法。凭借多年的经验，他们对某些领域中的某些问题应对自如。这带给我们安全感并让我们相信，所有一切都能顺利进展。没错，这就是专业知识的好处。但与此同时，它也有可能造成另一个重大误区，即专家能解决我们当前错综复杂的问题。

> 别去盲目崇拜告诉你这句话的专家："亲爱的朋友，我20年来一直这样做！"因为人有可能20年都在做同一件错事。
>
> ——库尔特·图霍夫斯基[1]

## 专家眼中的世界永远是难以应对的

让专家感到如鱼得水的领域，是"难以应对"的环境。他们用分析法解决各项任务和问题，"如果，那么"是他们的思维模式。如果他们面对的是彻头彻尾的难题，那么凭借一连串的"如果，那么"，专家们可以应付自如，并发挥创造性的思维。但关键是，专家们总爱采用线性思维，并提前做出预估。而事实上，这些都是困难状况的特征。鉴于您已经对困难与复杂的区别有所了解，因此仅在此罗列几个要点。

---

1　Kurt Tucholsky（1890—1935），德国政论家。

困难情况：

▷ 有明确的因果关联。

▷ 是可预估的。

▷ 有多种解决方案。

▷ 可以通过分析法进行决策。

▷ 需要专业知识。

我们掌握和习得的思维方式和解决问题的方法完全适合于困难的问题。一旦问题涉及我们的专业领域，我们就能充分调动和利用所掌握的知识和经验。一名真正的专家通常只活跃在他擅长的领域，而这正是问题的关键。他们习惯于一种思维模式，会下意识地采用这种方式，却忽略了这究竟是一个难于处理的、错综复杂的还是一个简单的问题。错综复杂的情况是无法预估的，而其中的因果关联只有在事后回顾时才能清楚显现。因此，分析法就不再适用了。

通常在专业领域，专家们总能事先博得我们的信赖，因为我们认可他们的能力和专业背景，觉得他们是可靠的。这种信念给予我们安全感，让人感觉到如释重负。如果我们的同事、专家迈尔先生通过分析得出了拓展新客户的方法，那我们可能就会马上让他全权负责，至少会有这样的想法。即便这个方案失败，我们也能完全置身事外。此外，专家还满足了我们对简单的渴望，因为他们解释了世界是怎样运转的，又该如何去解决问题。所有一切听上去是如此真实可信，所有的分析也是如此言之凿凿，让我们能拨开迷雾。我们总相信，专家是不会出错的，但这正是我们需要当心的地方。

## 专家也会犯错

我们中的大多数人都认为，专家非常精通他们的专业，所以他们的预测和分析都能切中要害。但事实上，已有大量的例子驳斥了这一观点：

▷ 两年内，我们将不再受垃圾邮件的困扰。"

（比尔·盖茨，2004）

▷ "iPod 活不过明年圣诞节，它最终会被淘汰。"

（艾伦·休格，英国商人、千万富翁，2005）

▷ "电子邮件不是一种可以用于营销的工具。"

（伊恩·夏普，加拿大 I.P.Sharp 公司负责人，1979）

▷ "电视机会在进入市场后全军覆没，怎么会有人无聊到每天晚上都盯着这倒霉木头盒子？"

（达里尔 F·扎努克，20 世纪福克斯总裁，1946）

▷ "汽车只是短暂的潮流，马匹才是永不过时的。"

（密歇根储蓄银行行长，1903）

您可能会说："这只是一些特例。"其实不然，因为这些恰恰就是"专家陷阱"最好的例证。如此声名显赫的专家也会犯错，而一旦我们走入了下列思维误区，就要为专家们的错误埋单。

### 1. 过度自信

人自认为知道的，总比他们实际知道的要多。人们总会高估自己和自己的知识储备，比如预测能力就属于所谓的"过度自信"效应。专家们往往都有高估自己的倾向，这就导致了在制定计划时过度乐观，实际工作中乐极生悲。

### 2. 控制错觉

我们常在各种会议室、办公室和项目总部中听到这样一句话："所有一切都在掌控中"。那么，事实真的如此吗？我们真的掌握了所有的一切？当然不是。很显然，很多事情的发展往往并不能如我们所愿。但即便我们知道事实上这不可能，却也总习惯于相信自己的掌控能力。因为在面对混乱不可知的情况时，这样做可以带给我们一种安全感和自我调控感。有意识地去做一些您确实能发挥影响的事吧，诚实面对在您能力范围之外的各种状况。

### 3. 后视偏差

作为专家我们总相信，自己的预测是准确的，毕竟我们是专业的，也有资深的经验。但有时，这会让我们过于自负，从而导致所谓的后视偏差。在某件事的结果出来之后，我们在回忆时就有了偏差，会不由自主地将事先的判断美化为正确的。要避免这个误区是比较困难的，第一步要做的就是在您发觉自己在说"我早就知道"或者"我之前就说这不行"时，立即停止，并问问自己，是否又在重复后视偏差的错误。

### 4. 可得性启发法

当某些情境的基本信息缺失，而人们又想要做出判断时，便会运用这种可得性启发法。究竟是时间紧迫、人为忽略还是渠道不通等原因导致信息不齐全，这并不重要。这时，我们最快最容易回忆起的信息就对判断起到了决定性的作用。通常我们会回忆起声音响亮、色彩鲜艳或有轰动效应的事情。比如当我们读到报纸文章时，往往会高估在暴力事件中受害的概率，却低估了糖尿病的死亡率。要解决这个问题，就要常与持不同意见的人讨论，以充分调动您的记忆。

### 5. 归纳法

通过观察我们可以获得一些普遍性的观点，基于一些依据可以推出结论。例如：Z 先生是一名 IT 专家，他喜欢采用最新的技术，那么我们就会在心中做出推断，所有的 IT 专家都会运用最新的技术手段。面对一个应该进行多次观察的事物，我们却用主观臆想出的规律对它进行判断，这种评价方式将是很危险的。但另一方面，归纳思维中也蕴藏着巨大的可能性：人们可以通过多次观察推出一般规律，发现基本模式，这对应对错综复杂的体系来说尤为重要。但只有在人们将这个规律视为假设而非事实时，它才能发挥出相应的作用。

### 6. 绝对正确

专家们倒不是因为他们自信心爆棚而觉得自己是不会有错的，而是他们认为必须要做到不能出错。他们是某个领域的专家，为他人提供意见，做出决策，所以不犯错是必要的，也是理所应当的。所以他们精密分析和考虑，一再核算和评定，自认为考虑得如此全面，没有错误产生的可能。但当您谨慎反思专家的行为，很有可能会发现这里存在着一些思维误区，而这不仅仅是对专家而言。专家并不一定是准确无误的，这既涉及专业方面（比如知识漏洞），也涉及构建事实的方式（这一点不仅针对专家）。

在本章开头，我曾提过这个问题：您是哪方面的专家？如果您也属于其中之一，那么或许也需要反思一下自己的思考、推断和评价的方式，必要时也应该刨根问底。

## 适应性和扩展适应

许多专家都将自己局限于某个专业领域。他们总在自己擅长的范围内寻找解决方案，鲜少注意到之外的部分。这种现象可以用许多组织中普遍存在的"竖井心理"来解释。此外，如果专家只在自己熟悉的领域内思考决策，那么人们对于安全感的强烈需求将在最大程度上得以满足。但这将会导致一种认知扭曲，即在自己的专业情境中对某项完全不属于此的事实加以解释。

> 当你只有一把锤子时，所有的一切看起来都像钉子。
>
> ——马斯洛

当前我们面临的挑战，是解决错综复杂的问题。我们希望开发新产品，推进技术发展，实现各地分公司的成功，并解决全球化问题。但是，这一切仅仅依靠专家是不行的，因为他们会倾向于停留在自己习惯的专业领域。这就意味着，所谓的创新和方案都是以熟悉的状况为基础的。简而言之，在面对问题时，IT 专家就会运用自己的 IT 知识，组织开发专家会提出组织层面的方案，进程咨询专家则会提出一个新的或有所改变的进程。但在一个错综复杂的情境中，这些都是远远不够的。

🌐 要解决这类问题，就需要一个综合考虑的跨领域整体方案。

实现持续发展和创新，只有"适应性"（⇨ 参见术语表）是不够的。一些重要的发明和成就都并非诞生于有针对性的研究，它们更多的是"扩展适应"（⇨ 参见术语表）的产物。当然，也有人把这种情况称为偶然或错误。如果说"适应性"具有明确的功能指向的话，那么"扩展适应"则是某种功能的转变。如今人们可运用的信息越来越多，这大大提升了功能转变的可能性，尤其是通过跨领域的方式。只拘泥于适应性，就很有可能被他人赶超。

袋泡茶的发明并不是包装或茶艺专家有意为之。早在第一次世界大战前，美国茶商汤姆斯·沙利文为了方便运输，用一种小丝袋装茶叶作为样品寄给顾客。而顾客会错了意，直接冲泡了整个茶包，却意外地发现这样做非常方便，节约了转注和过滤的过程。

您知道棒冰是如何发明的吗？ 1905 年，当弗兰克·艾伯森还是个 11 岁的孩子时，有天晚上他把一杯带勺的柠檬汁忘在了门外的走廊上。第二天早上，他发现柠檬汁被冻住了，但味道依然非常不错。18 年之后，艾伯森为此申请了专利。20 世纪 40 年代，珀西·斯宾塞（Percy Spencer）致力于运用磁控管进行雷达微波研究。这项研究将被运用在美国的战斗机上。当时，人们已经知道磁控管能产生热量，但却没有人加以开发利用。有一天，斯宾塞在磁控管旁工作时，裤袋里的巧克力条被融化了。这个偶然的发现让斯宾塞发明了世界上第一台微波炉。

这样的例子还有很多，它们恰恰说明了最巧妙的方案和想法往往并不是源于有目的的分析或系统的研发。扩展适应并非是一个结构化的过程，而是一个可以加以利用的巧合。在错综复杂的情境中，我们在前行时也要多留意一下周边的事物，特别那些错误和疏忽带来的后果，和那些不属于我们专业领域内的想法。当然，在我们的组织和项目中，专家是不可或缺的，但他们同时也对我们的管理提出了挑战。

**专家管理的建议：**

▷ 专家在建构他们的知识方面花费了大量的时间和精力，请给予他们充分表达和运用知识的时间和空间。

▷ 专家往往希望他的身份能得到尊重，所以切忌引发不必要的竞争，驳了他们的面子。

▷ 专家希望他的专业知识和他本人能被认可，所以不要吝惜您的赏识。

▷ 专家一直在他的专业领域追求更高的难度，因此应为他们安排对专业水平有所要求的高难度任务。

▷ 专家喜欢接受挑战，给他们更有挑战性的任务。

▷ 专家的思维倾向于应对困难问题。您需要接受这一点，并慢慢引导他们进行复杂式的思维。

▷ 有时，专家并不那么擅长处理复杂的问题，分析是他们最爱的方法。所以，千万不要让专家单独去解决一个复杂的问题。

▷ 支持您的专家，允许他们刨根问底，获取新的视角和想法。

既然专家不是解决复杂问题的唯一出路，那么我们的组织还需要什么？答案是：那些具备不同能力、视角和思维方式的非专业通才。简而言之：我们需要的是多样化（⇨ 参见术语表）。

## 丰富认知多样性

您听说过红队大学吗？如果没有，那么您应该对它进行一下了解，因为这是一个成功运用多样性策略的生动例子。当然，也因为它被运用在了一个人们没有预料到的地方——美国军队。伊拉克战争的教训让美军负责人意识到，他们并不需要那么多唯命是从的人。这种新的观念不亚于一场革命，它颠覆了人们对于军队运作的传统认知。

在上校格雷格·福特纳的组织下，红队大学于 2004 年在美国军事基地堪萨斯州莱文沃斯堡成立。他们的目标是，将士兵训练成为"魔鬼代言人"，从而协助指挥官，避免他们陷入常见的思维误区。红队士兵会深入考虑每一个决策，帮助指挥官认清潜在的思维模式，检验它的有效性。这里首先要摒弃的就是绝对正确、过度简化、思维固化和群体思维等观念。

红队大学第一批毕业生不出预料地遭到了质疑。他们被同事们冷眼相待，甚至在有几名毕业生抵达巴格达时，都无法从美方同事那里拿到安全通行证。因为人们担心，他们会破坏美国的军队体系。项目主任福特纳是这样形容这个艰难的开头的："我们要做的，就是要在内部制造怀疑，而这会使抗体迅速产生。"

尽管如此，红队大学的任务从来不是秘密，而他们的目标也并非寻找责任人。相反，他们就像一面镜子一样，在评价和决策时为指挥官提供支持，从而放缓进程的节奏。他们会很快质疑各种观点、评价和判断，以尽可能正确地做出决定。我们都清楚，在混乱不清的状况中冷静地做出正确的决策是一件多么困难的事。置身其中，我们的视野会变得狭窄，所以只能运用自己最熟悉的知识。但在这种状况下并不一定能做出最好的决策，而红队士兵的作用正是帮助指挥官在决策时拓宽视野。

莱文沃斯堡的训练是艰苦而深入的。在为期 18 周的课程中，参与者每晚都要研习 220 页左右的资料。他们要学习重要的军事理论、防御恐袭和反破坏知识。无论东方哲学还是二战个案调研，这些都会在他们的谈判策略、创新思维和行为经济学等学习材料中有所涉及。红队大学的课程研发员鲍勃·托平说："我们希望毕业生能明白，他们之前的视野有多么狭窄，只是坐井观天而已。"

这正是红队成员在实践中所希望传达的一种观点。但负责人也意识到，这种方式与现存的军队文化是背道而驰的，而红队的工作范畴也应有所局限。他们要做的是协助指挥官做出正确的决定，并非去质疑指挥官本人，因为这会对他们的主见和可信度产生致命的影响。如果指挥官过于坚持，那么就有可能导致双方无法达成一致，从而陷入僵局。为了避免这种状况的产生，红队成员需要时常反思和思考自身的看法和思维方式。

通过他们的方案和工作，红队大学一次又一次地证明了自己。这个项目已经进行了十年，而且很有可能会继续推进。由于它的认知多样性，这种形式对非军事组织也非常具有借鉴意义，它大大丰富了思维和观察的方式。

**每个组织都要拥有"红队"的6大理由：**

1. "红队"可以通过不同的视角观察错综复杂的情况，从而帮助进行决策。

2. "红队"拥有各种反思观察和判断的工具和方法，此外他们还掌握不同框架下理论模型的背景知识。

3. 无论是规划、方案、流程还是组织，"红队"都可以帮助您丰富选择的多样性。

4. "红队"可以促进批判性和创造性思维。

5. 无论在战术还是战略层面，"红队"都具备优异的分析能力。

6."红队"能让人发现落后的行为方式和结构。

认知多样性大大丰富了思维方式的种类，同时增加了行为方式的可能性。如果一个团队中出现这样的情况，那就产生了多样性，而这正是成功应对复杂问题的必要条件。一个复杂体系中的多样性可以理解为相互作用的数量以及困难程度。控制论的一个核心理念就是多样性定律。威廉·罗斯·阿什比曾清楚明了地说过，如果一个体系控制着其他的体系，它能调和的干扰因素越多，那么它自身的多样性也就越丰富。那么，它在当今组织中的情况是怎样的？让我们首先来看一个历史上的著名案例吧。

1768 年 8 月 26 日，库克船长驾驶着"奋进号"，开启了南太平洋探险之旅。船上共载员 94 人，他们的背景各不相同。其中有 62 个英国人、7 个爱尔兰人、5 个瑞士瓦莱人、2 个非洲人、3 个北美洲人、2 个巴西人、1 个芬兰人、1 个瑞典人、1 个意大利人和 1 个塔希提人，包括 8 名军官和 77 名海员，此外船上还有 9 名科学家。不同的背景也导致了他们对宗教和政治的不同见解。

每个团队中总会有差异、不同的视角和观点。面对这种情况，人们最常选择的一种方式就是缄口不言。通常而言，它并非出于恶意，而是源于对和谐稳定状态的需求，或尽快达成目标的愿望。但这些差异可能会导致巨大的矛盾。由于人们未加重视，问题产生时行动就会滞后。尽管一些问题不愿被谈及，但是它依旧存在。如果没有在适当的场合加以解释（如磋商和会议等），那么它总会在别的时候显现出来。

在这种情况下，小团体就开始出现了，同时出现的还有午休时的流言蜚语和茶水间里的窃窃私语。由于长期缺乏交流和相互理解，人们开始有所顾忌，在交流信息时显得谨慎而又小心。而信息交流不畅同时又加深了复杂状况中的不透明度。

> 对立意见的碰撞中隐藏着真相。
>
> ——爱尔维修[1]

那么究竟应该怎么做呢？是否要将一切想法都开诚布公？可惜事实并没那么简单。首先，人与人之间需要坦诚和尊重，每个人都要学会去接受并珍惜团队中的多样性。有时，即便对差异给予了足够的重视，也依然有导致矛盾冲突的可能。多样性的关键不在于我们是否讨论它，而在于只有保持对多样性开放的态度，才能学会如何应对。只有经过讨论，才有可能充分利用资源，促进团队和个人的发展，而它的前提就是信任。要塑造一个有活力的多样性环境，就必须在您的团队建设中注意如下几点：

---

1　Claude Adrien Helvetius（1715—1771），法国哲学家。

**开放性：**

－对新鲜的思维方式和体验保持兴趣

－时刻准备听取他人的观点

－重视他人的意见

**邀请：**

－热烈欢迎新同事

－愿意分享新同事的观点

**尊重：**

－确立共同的价值观

－对他人保持尊重和宽容

**理解：**

－反思自身的行为和思维方式

**自审：**

－注意团队中的差异性

**沟通：**

－注意团队中的语言模式（如概念、惯用语等等）

**提倡个性：**

－避免群体思维

**提倡讨论：**

－积极参与团队内讨论

## 本章要点

▷ 我们都被教育或培训成专家。

▷ 困难状况是专家的专业领域。

▷ 困难问题是线性的，通过分析法可以得以解决。

▷ 应对错综复杂的问题需要不同的观点、视角和见解。

▷ 有活力的多样性环境需要信任和开放。

# 陷阱 4

# 不许出错

您知道马卢·德赖尔（Malu Dreyer）吗？如果不知道，我想首先"科普"一下她。她是莱茵兰－普法尔茨州的第一位女州长，2013 年继库特·贝克之后走马上任。作为一名法律专家，她曾在贝克的州内阁中担任过劳工、福利和家庭部长。2013 年秋，德赖尔意外地"走红"了，尽管她本人不愿意，但她的名字却占据了如《世界报》《明镜周刊》和《图片报》等主要媒体的版面。

　　那么，究竟发生了什么？原来在 2013 年 9 月 6 日，德赖尔给总理默克尔写了一封信，希望就国安局事件在联邦和州之间开展首脑对话。信的内容没有什么问题，但是信中却出现了书写错误。您觉得自己读错了？没有没有，德赖尔女士的确在致总理的一封信中犯了正字法和语法错误。据《图片报》报道，错误一共有六处，但明镜周刊网站却称找到了八个错误。

　　和以前一样，这起"丑闻"闹得很大。《世界报》甚至刊登了这封信的复本，用红笔标注出错误，并在边上加以批注，俨然一派资深教师的作风。一夜之间，铺天盖地都是尖酸刻薄的批评声、质疑声和问责声，不仅针对德赖尔，还有她的同事们。媒体提出了很多疑问，如"信是由谁起草的？""事情是如何发生的？""到底谁应该对此负责？""这件事究竟有多尴尬？"等等。对此我不以为然，难道这样就可以解决问题了吗？

当然，无论是写给谁的信，如果不出现错误当然是最好的。但说实话，这个事件只是更加清楚地折射出了我们在"犯错"这件事上的态度。无论在书信、行动、表达还是决策时，错误都是不允许的。一旦我们发现他人身上的错误，就会立马变成"教师症候群"——拿起红笔，圈圈点点，说道："错了！"除了这个，我似乎找不到更好的方法来解释《图片报》刊登那封信的做法。毕竟我们在学生时代都曾被教育不要犯错。如果不犯错，我们就会走上正确的路。我们学习得如此到位，还把它运用到了我们的人生中。

在上学的时候，您是否也曾经拿回过一份"祖国山河一片红"的作业？我也一样。当然，您一定也了解那种感受，比如在黑板前答题出错时引起全班同学的哄堂大笑。或许您也对父母看到那份"不怎么样的"听写作业时意味深长的目光和叹息声记忆犹新，等等。

"这错了。""这不对。""你错了。""你不对。"在学生时代，这些话就像对错误的裁决一样，一直回响在脑海中。当然这是很久之前的事了，但是对很多人来说，"不要犯错"已经内化成一种态度，根深蒂固，并一直影响着我们的行为。启蒙教育只是第一步，在之后的培训、大学抑或企业中，这种面对错误的原则被一遍遍地固化：错误是不被希望，不被允许，也是不被认可的。

在政治中，我们可以看到成年人面对错误最"经典"的处理方法。它通常有两种途径——犯错和指出别人的错误，这就好似一枚硬币的正反面。

2011 年 2 月 18 日，时任国防部长的古滕贝格站到了一群精干的媒体代表面前。当他试图向媒体解释其博士论文并非抄袭时，这位平时巧言善辩的基民盟（COU）政客却显得犹疑不决。在谈及欺骗、抄袭和自己的时候，他既没有看镜头也没有看记者，而是每次都看向了地板。

古滕贝格在声明中说，他的论文中有错误，但是没有说自己犯了错。在联邦议会的多轮谈话中他也没有说过："我犯了错"或"我做了错事"。每当他提及自己的时候，他总会切换到客观冷静的"男性模式"，刻意与谈话方保持距离。他不承认错误，力求给人一种他为此而感到羞愧的印象。而那时，观众们已经被激怒了，认为："他当然应该为自己的所作所为感到羞愧！"

古滕贝格让人感到遗憾。事实上，我真想向他大声呐喊："现在明明白白地说清楚吧，真让人受不了！"承认错误意味着承认欺骗的事实，所以古滕贝格还是宁愿说，他不是有意也不是故意犯错的。最后在一片流言蜚语声中，他宣布辞职。我们感到非常愤慨："事情不能就这样算了，他如此无知又傲慢。其他人都在努力工作，而像他这样的贵族出身……"而当时的科研部长沙范也表示她对国防部长的行为"感到羞愧"。但两年之后，她也由于博士论文的问题面临着同样的指责。

在古滕贝格事件的前前后后，出现了很多类似的情况，而且每次都是政治丑闻，只不过主角不同而已。我们可以从中学到什么呢？在犯错的时候，人们往往会首先表示愤慨，进而否认，并试图分散和转移他人的注意力，然后才承认错误，接受惩罚。简而言之：犯错了别被发现，否则可能会激起群愤！因此，最好的做法就是不要犯错，最起码别承认错误。这一点我们早在学生时代就学会了，但事实上，如今天天在政治经济领域所上演的也不外乎于此。虽然我们希望拥有更真实可信的政治家和商界英才，但醒醒吧，这就是现实！

## 为何我们害怕犯错

错误产生时，我们的第一反应就是马上找出相关的责任人，并下意识地问自己："究竟为什么会这样？"紧接着就会思考未来该如何避免这种问题。至于导致问题的根本原因，如产品没有充分发挥作用，某位同事的消息滞后，技术系统发生故障或是项目未能如期进行等，都不重要。一旦找到了"犯错者"，人们就会对他进行相应的处理，以为这样就可以重新恢复秩序，高枕无忧了。只有当犯错者对自己的行为羞愧难当，发誓下次一定会更注意时，所有其他成员才能安下心来。

"点名—指责—羞愧"这几乎已经成了一种条件反射。所有的错误、误区和偏差几乎都只归结到了个体的身上。毫无疑问，这个人是有责任的，而且应当为此"感到羞愧"。对其他成员而言，这种看法不仅有效地证明了他们是"无责任的"，更是简单和线性的。如果能迅速找到一个理由、原因或责任人，就能给人一种安全感。但这种安全感只是一种假象，因为在这里我们自己也是"犯错者"，认为因果关系必然存在。

但我们为何无法摆脱"点名—指责—羞愧"这样一种循环？因为从小我们就知道，做了错事是不会被认可的。更糟糕的是，还有可能被人排挤。犯错者要为自己的行为买单。为了避免经历或再次经历这样的局面，他们往往会避免犯错。人的基本需要之一就是归属感和认可，所以，被排挤是最严厉的一种惩罚形式了。这就意味着，在日常工作中，我们宁愿中规中矩地完成任务，也不愿铤而走险地去犯错。

> 在我的职业生涯中，我大概投偏过 9000 次，输掉过大约 300 场比赛，有 26 次我投失了决胜球。我总在不断地失败，但这也是我成功的理由。
>
> ——迈克尔·乔丹

迈克尔·乔丹的这句话源自他强大的自信心。毫无疑问，这位杰出的运动员对自我价值有着非常清晰的认知。他知道，自己成功或失败的原因是什么。他也认识到，自己在专业领域也会经常犯错，因为人不是机器，篮球也是一项复杂的运动。对大多数人来说，要理解乔丹的这句话并不难。

但是具体到组织管理的情境中，您又该如何看待这个问题呢？比如所要达成的目标是实现某种市场渗透或销售量，或涉及研发新产品及企业重组时，这种"失败是成功之母"的观点是否依然适用呢？您或许会认为："这是两码事，不能将它们相提并论。"但事实上，领导和管理与打篮球一样，都是复杂的任务。要在错综复杂的情境中实现成功，就要不断地去检验行动方式、过程、材料和言谈等，而这些方式都有可能导致错误或未曾预料的状况产生。

因为对此我们依然心有余悸，所以更愿意去遵循一定的行为模式。比如用不犯错或不认错的方式来保护自己的自我价值观，这在我们的组织中是一种普遍存在的现象。对犯错的羞愧心理以及对惩罚的担忧驱使我们宁愿否认而非承认错误。处理错误的方式俨然已经成了企业文化的一部分，也是我们必须马上要学会的"隐性规则"。

## 企业文化决定了处理错误的方式

在关于错误处理方式的"错误文化"中隐藏中一种强烈的矛盾心理。一方面，企业文化的准则中总会出现这样的话语："我们对错误持开放和建设性的态度"，或是"我们在错误中吸取经验"。但另一方面，事实上一旦犯错就会受到惩罚，而犯错者也会被指责。我们所有人对错误的态度和处理方式总是受到两方面的影响：组织的"错误文化"和我们个人对"犯错者"的态度的社会化体验。

您和您的组织对错误的处理方式是怎样的呢？请如实作答。

| | | |
|---|---|---|
| 我们在错误中吸取经验。 | | |
| 即便面对上司，我也会为自己团队中的错误承担责任。 | | |
| 面对错误，我们关注的是所产生的损失。 | | |
| 我们会花大力气寻找责任人。 | | |
| 我们关注如何在未来避免类似错误的产生。 | | |
| 公开承认错误的同事会得到认可。 | | |
| 我本人会承认错误，而非推诿给他人。 | | |
| 错误是一种重要的反馈形式，有助于未来的发展。 | | |
| 从错误中吸取经验比一成不变地维持原状要好。 | | |

　　"不许出错"的信条不仅有碍于人们在复杂情境中的行动，更是成功路上的一大障碍。在这里有必要再提醒一下，我们之前提到过，面对复杂的情境或问题时，传统的分析法并不能帮助我们进行决策，试验法才是应当采取的方式。在一个无法预计未来状况的体系中，管理者可以施加一定的刺激，去激发更丰富的行为，这就属于试验法。接下来可以对这种行为进行评估。如果它是符合预期的，就可以强化。反之，则可以采取相应的干预措施。这既是反应，也是决策。其实，在很多情境中的决策流程都是这样进行的，只不过我们没有意识到而已。

　　　我们需要犯错，否则将无法应对错综复杂的状况。

用试验法代替分析法，能更好地进行决策

团队拓展就是将试验法作为决策基础的一个很好的例子。如果一个部门中发生了变化，那么领导们常常会组织一些团队活动，让团队成员相互熟悉，建立并强化"我们"这样一种集体感和归属感。活动的形式丰富多彩，比如做木筏、开游戏跑车和集体烹饪等。但只有在事后我们才能判定，活动是否对团队建设起到了预期的效果，这是无法进行预测的。没有人能够预先判定事情和行为或想法之间的因果关系。

但是，组织者的要求常常是与此背道而驰的。他们会说："亲爱的主持人／顾问／教练，请您组织些活动，让我们的团队能这样想，这样做。"这时，他们又走进了一个误区，认为人的思想是可以被决定的。所以，至少从严格意义上来说，这种预期效果是无法获得认可或被承诺实现的，毕竟行为和思维模式只有在活动过程中或之后才会慢慢显现。如果这种模式和预期相符，那么恭喜您，您太幸运了。如果两者不符，那么人们往往会认为是主持人或顾问的问题。一个不合适的主持人，在一个不合适的团队中主持一项不合适的活动肯定要为活动的失败承担一部分的责任，但也仅仅是一部分而已。在这个时候，放弃去指责，关注团队中可见的行为和沟通模式会更有意义。您可以给出一个刺激，然后观察和评估所出现的模式，并对此做出相应的反应。要应对错综复杂的问题，您将会不断地碰到现有模式和预期的不相符，甚至出现错误的状况。

您所面对的一切改变、问题和挑战都是高度复杂的，如上季度业绩不佳，董事会更替，或者意外地出现了一个强有力的竞争商品等。某种情况为什么会出现，又为什么没有朝着预计的情况发展，我们只能在事后回顾时才能加以解释。

作为管理者和领导者，您需要兼备两个重要的品质，即勇气和耐心。您需要拥有勇气来选择必要的试验，同时推动它的进展。

能掌控复杂性的人需要兼备勇气和耐心

您也需要有耐心，在做出决策和反应之前等待行为和思维模式的构建成形。许多组织中存在的一个最关键的问题就是，他们会基于一个准则来进行试验，即"我们只做能确保成功的事"。因此您常会按照"故障—安全"原则用线性的方式尝试解决一个错综复杂的问题。而事实上，能够解决复杂问题的试验法，则更多地遵循"安全—故障"的原则。

## "故障—安全"还是"安全—故障"——一个文化问题

每个组织在"错误文化"的轴线中，往往都会处于"故障—安全"（⇨参见术语表）和"安全—故障"（⇨参见术语表）之间的某个位置。而事实上，这里涉及的问题其实是避免损失还是限制损失。将故障—安全摆在首位的组织和体系将会通过代偿方案、充足的信息和加倍坚固的基础来确保安全。我们以为通过这种方式就可以免遭错误的侵袭，就可以高枕无忧了。

另一方面，安全—故障原则的出发点是，错误的发生是不可避免的。在这里，错误被摆在了次要的位置，人们将注意力更多地集中在如何在出现错误的前提下实现组织的目标和结构。根据我的经验，大部分的机构都力求贯彻故障—安全的原则。不允许失败，不允许出现错误。不管我们是在谈标准化生产流程还是项目管理，"错误零容忍"都是他们所追求的目标。体系的建构是如此稳固和绝对安全，能抵御各种可能的状况，以至于绝对不可能出现失败。他们采取了所有能想到的措施，以彻底减少错误和误区，降低失败的概率。管理者们这样做，让人觉得似乎出错率为零。

典型案例就是核电站和飞机制造。每个核电站都拥有能源供应的故障安全保障。在电力故障发生时，液压系统就会提供保障，第二套电力供应系统启动，控制棒将会插入反应堆内。福岛核电站的工作人员也认为，这样就可以确保安全了。2011 年 3 月 11 日，当地震后主能源供给瘫痪，应急系马上投入使用，至此一切都按照故障—安全计划在进行。但接下来的海啸却让人猝不及防，冷却系统发生故障，后面的故事大家都非常熟悉了。当然，在这种情况下被质疑最多的就是，为什么没有设计第三套安全保障机制。答案是：地震和海啸同时发生的概率太低了。

这里就存在着一个思维误区。我们总是习惯于线性思维，关注可能出现错误的概率，而不是去思考如何应对未来可能出现的各种状况，避免让自己陷入灾难或困境中。我们花大量的时间和精力去想象未来道路上可能出现的错误和反应，却忽视了未来可能完全会是另一个样子。在建构体系时，我们往往会认为首当其冲的就是要确保它的稳定性和抗错性。但是长此以往，出错的代价将会越来越大。相应的，错误所带来的后果和影响也与日俱增，要克服这些影响通常要花费更多的时间和精力。

若一个组织选择了"故障—安全"模式，那么它也将以丧失灵活性和适应能力为代价。适应能力下降，是因为组织只为近期可能出现的各种问题做好了准备。一旦发生了不可预料的意外状况，体系就会变得敏感脆弱，甚至有可能会脱离正轨。一个适应能力较强的组织则做好了适应各种未知干扰和状况的准备。而适应力的最高境界就是，能够适应陌生的情况。这种适应力首先源于人们内心的态度，然后才由此产生了相应的措施和行动。

  ❷ 无论将会发生什么，适应性体系（⇨ 参见术语表）总能生存下来。

  与此相反，安全—故障模式则认为，错误和失败的出现是常态。在一个错综复杂的情境中，新的方案和创新性是极为重要的，所以找寻一个正确的方案纯粹是浪费时间。要找到它，需要太多线性的尝试。而试验法的基础则是经验常识和对可能方案的一个大体概念，因此它往往会引起错误。此外，一个复杂的体系是无法进行设计和预判的。我们可以加以刺激，创造新的模式，发现新的可能。同时，通过多次相似的安全—故障试验，人们可以从不同的视角来观察同一个问题，这反过来也推动了新刺激的出现。这些尝试规模较小，相对独立，即使失败，也能将损失控制在一定的范围内，不会让体系受到大的影响。复杂性要求组织对错误有较高的容忍度，这样才能成功提升它的适应能力。

  ❷ 安全故障并不意味着降低出错的概率，而是将出错成本控制在较低的水平。

  错误和导致错误的矛盾不仅应该得到承认和接受，更应该有控制地加以推进。加拿大生态学家巴兹·霍林在他 1975 年出版的著作《故障—安全与安全—故障灾难》中以几内亚人的仪式习俗为例，诠释了这一准则。在那里，仪式对整个体系起到了调控的作用。几内亚人主要在周边森林和田地里获取食物。此外，吃猪肉只有在特定仪式等场合才被允许。如果居民中的摩擦加剧，矛盾激化，这类仪式就会举行。它的作用是祈求上帝的宽恕，届时猪将被宰杀和食用。

引起矛盾的主要原因是猪的数量过于庞大，有时会毁了田地，这当然会引起邻居的不满。而在仪式举行之后，这个问题就像经过了一双魔法之手，迎刃而解了。在这里，仪式的作用并非控制猪的数量，而更多的是避免在居民中出现由矛盾所引发的无法控制的不稳定状况。

> 从他人的错误中吸取教训，这几乎是人类独一无二的一种能力。但坚决拒绝这样做，也是人类所特有的。
>
> ——道格拉斯·亚当斯 [1]

如果这种文化采用的是故障—安全模式，那么作为准则，可能必须要规定每所房子、每户家庭和每个村庄可以养殖猪的最大数目。人们或许认为，这样做的话猪就不会成为居民之间矛盾的诱因了。但在这种情况下，个人或集体在养猪这件事上的自由度也随之下降。或许仍然会有其他的在固定时间举行的仪式，但它的举行却不再拥有具体的原因，而仅仅成为一种解决矛盾和对

---

1　Douglas Adams（1952—2001），英国科幻作家。

"居民"这一体系加以掌控的尝试。

几内亚人没有在降低问题的发生概率上做文章，而是找到了一种新的方法，即有控制地对体系进行中断。被毁的田地和由此产生的邻里矛盾是体系需要修正的明确信号。这时仪式就会举行，猪的数量会大量减少，这就为解决矛盾提供了一个很好的时机。在这里，并不是人在对体系进行过度调整，而是它在进行自我调控。当然，这种形式中也存在少量限制管理着这个体系。居民中矛盾的加剧总会在一段时间之后让这种不稳定性得以突显，但它也体现出了社会的灵活性，并对解决矛盾起到了积极的作用。

您所在组织中的"错误文化"决定了建立和实施安全—故障模式的难易程度，而这种模式才是应对错综复杂问题的合适做法。

> ⚙ 在试错法范畴内，要进行一系列高成功率的线性尝试会消耗大量的时间。应对错综复杂的问题，需要在较短的时间间隔内进行多次的重复试验。

如果没有错误和失败，您也无法充分利用各种可能性来认知您所处的情境。错误往往不是人们所期待出现的结果或模式，因此追溯错误本身有助于对它进行修正。

比如在软件开发领域，"提要求—写创意—开发软件—测试—验收"的模式就是不合适的，因为最后开发出的软件往往和委托方的要求相去甚远。反之，将研发任务分成若干个小的模块，在整个开发过程中与委托方一起进行观察、讨论和修改则是更有效的做法。在开发过程中进行修改会更简单便利。这种便捷的软件开发方式在过去几年大受欢迎不是毫无道理的，之后我们还会提到这一点。

**安全故障试验法准则：**

1. 进行小而精的试验。

   试验的作用是促进模式的形成，这就需要从不同的视角来观察同一个问题。

2. 您可以接纳和出现错误。

   错误是体系的一种反馈，也为我们提供了学习的可能性。

3. 在同一情境中进行不同的试验。

   不同的尝试带来了效果、行动和交流方式的多样性。

4. 在不同的情境中进行同一种试验。

   同一种试验在另一种情况下可能会产生截然不同的结果。

5. 对试验成功和失败的条件进行明确的界定。

   要确定未来的调整方向，需要有明确的决定依据。

6. 在一定时间内进行多项平行试验，而非按线性顺序进行。

   模块化和相对独立的试验应该同时进行，避免导致时间上的拖延。停止不成功的试验，同时开始其他尝试。

## Google，安全—故障试验的专家

您知道 Google 的定位系统 Dodgeball 和社交网络 Jaiku 吗？对合作平台 Wave 您总会略知一二吧？不知道？那么 Google 的目

录、记事本和混搭编辑器呢？好吧，如果您都不清楚，其实也没有关系，因为这些服务和产品其实都是 Google 的一些失败试验。它们都来自 Google 家族，一个以成功和管理而闻名的公司。而成功的背后总有许多在组织上值得借鉴的地方，当然还有它勇于在失败中学习的能力。一旦判定为失败，那么项目就会马上停止。而失败也是它们成功理念的重要组成部分。无论是思维上、时间上还是经济上，结束一个产品或项目意味着又重新盘活了资源。

多年来，Google 公司给予了约 2 万员工相当多自由试验的时间。在大约 20% 的工作时间内，每个人都可以而且需要成为一名"工程师"，进行创新性的思维、建构和尝试，这使得许多可能的产品都被设计了出来。在公司中得以实践的创意又会在市场中加以检测，而这时它们往往还处在中期阶段，因此还不那么完善。而公司当然也清楚，并不是所有的设计和构想都能获得成功。Google 所推崇的模式是：不用考虑每一个项目的风险，或遵循传统的风险管理策略。对 Google 来说，失败所产生的费用对它们的策略来说是至关重要的。它将每个小的模块都视作一项独立清楚的试验，因此不会对整体的成功构成风险。而在 Twitter 的推广设计过程中，活跃的用户也参与其中。比如著名的"#"号标志，就源自于用户，而非颠倒过来。

**Google "错误文化"的经验：**

▷ 尝试不同的事物。

▷ 做好心理准备，有一些试验会失败。

▷ 限制可能失败的成本。

▷ 尽早地承认错误和失败。

我们为失败而庆祝。

——埃里克·施密特，Google 前 CEO

## 有效应对错误

如今我们都生活在一个高效的社会，认为成功是合适的，对错误则持有偏见。即便可以在管理学文献中读到失败理念的重要性，我们依然对自身效益和避免失误有很高的要求。经济心理学家迈克尔·弗里斯详尽地研究了不同国家对错误的不同处理方式。在这份名单中，德国表现不佳，在 61 个国家中仅排在倒数第二位。

文化影响着人们在一个国家、组织或团队中的思维和行为方式。那么，一旦我们对错误的处理方式发生了变化，是否意味着文化也随之发生了改变呢？如果从长远的角度来说，答案是肯定的。在与组织中的领导者们谈论这一点时，一个普遍的观点是认为文化的改变不仅耗时又困难，也是很难获得成功的。当我在推行"进行改变，完善文化"的方案时，也有同感。文化是逐渐产生的，无法被刻意地塑造。它是一个体系的价值观、规矩和制度的总和。如果我们的态度、视角和行为方式发生了变化，那么随着时间的推移，文化会逐渐改变，这种对新的应对错误方式的质疑和偏见也将不复存在。

要想成功地在错综复杂的情境中解决错综复杂的问题，以下几点值得注意和考虑。

▷ **"我犯错了/我就是个错误"**

爱迪生说："我没有放弃。为了成功，我探索了成千上万条失败的路。"和爱迪生一样做吧，将错误和失败视作学习的机遇。切忌把对结果的评价和对自身的评价混为一谈。

▷ **"错误是体系的一种反馈"**

别总向后看，一再追究责任人。问问自己："错误向我透露出了哪些关于体系的信息？它对于未来和行为方式意味着什么？"

▷ **"错误使人明智"**

在您的组织中营造出一种环境，让所有人都能有机会从错误中提升自己。要让员工能够承认错误，需要把信赖作为合作的基础。身为管理者和领导者，您应该身先士卒，给予他们信任，而不是仅仅提出要求而已。

▷ **"变化是永恒的"**

一个错综复杂的情境是充满变化的，不存在百分之百不出错的方法。"时刻准备迎接意外"，接受不确定性和不透明性。

▷ **"在一切顺风顺水时"**

从那些类似错误的情况中找到系统的薄弱环节，而不要因此觉得自己具备万无一失的能力。

### ▷ "提升洞察力"

训练自己对早期信号和提示的洞察力，错误和混乱在产生时都会有预兆。请您仔细观察。

### ▷ "实践重于研究"

要解决错综复杂的问题，就要采用安全—故障试验法。这当中必然会产生失败，否则您也无法充分发挥出它的作用。

### ▷ "停止无休止的问责"

别在您的组织里继续无休止地问责，寻找责任人，而是鼓励您的员工坦承自己的错误，一起探讨它的作用、结果和意义。

### ▷ "在重复中学习"

一个错误只能犯一次吗？当然不是，一个错误可以出现多次，有时这也是必要的。因为在不同的情境中，同一个错误可能有着完全不同的意义。

### ▷ "别掉入陷阱中"

时刻提醒自己注意不要掉入因果陷阱中，用线性的方式来看待错误。要从相互作用的角度进行思考。

## 本章要点

▷ 要应对错综复杂的状况，错误是必经之路。

▷ 错误是系统重要的反馈信息。

▷ 我们需要的是安全—故障试验法，而非故障—安全模式。

▷ 试错法是线性的，消耗时间过长。

▷ "错误文化"决定了员工的思维和行为方式。

▷ 犯错是需要勇气的。

▷ 试验法需要耐心。模式的形成不是一蹴而就的。

陷阱 5

**计划为王**

启蒙时期的诗人马蒂亚斯·克劳迪乌斯（Matthias Claudius）曾在他的民歌中这样写道："出门远游，见多识广。"当然，这句话也同样适用于选择怎样的方式来规划旅行。我就知道几个非常典型的例子。我有一位酷爱旅行的老友康拉德，他花在计划旅行上的时间大概是实际旅行时间的八倍。而事实上，他并不缺乏旅行经验，因为在过去的几十年间，他的足迹已经踏遍了所有大洲。

康拉德每次计划旅行的步骤都惊人地相似。他通常会提前一年就订好行程，接着便马不停蹄地开始购买和研究各种旅行指南和攻略，对目的地的必看景点和早中晚大概的温度他都了如指掌。在出发前的几周，康拉德会在整理旅行箱时列出一张事无巨细的清单。从去屑洗发水到蜱虫夹，所有你想象得到或想象不到的东西都出现在了这张越来越长的清单上，因为他不想遗漏任何重要的东西。更不用说他在所有衣服上都缝上自己名字，因为如果偶尔不小心把衣服落在餐厅的话，没人知道这是谁的。

出发的日子渐渐临近，康拉德每天都会确认早已订好的出租车、汽车和飞机的联运行程。毕竟联邦铁路偶尔会罢工，航班时间也有变动的可能。如果遇到铁路施工的情况，他就会预留出相应的时间，并和铁路热线的客服仔细讨论，直到铁路公司"承诺"，无论如何都一定将他准时送达机场。而他所谓的"准时"，是在飞机起飞前的三个半小时。他宁愿悠闲地在机场来杯咖啡，也不愿意误机。当然啦，他也从来没有误机过。不久前，他预定了一辆凌晨三点半去火车站的出租车。但他的同事告诉他，这种夜间出租并不准时，自己曾有过一次这样的经历。于是康拉德便致电出租车中心，将预定时间提早到三点，以防万一。

行李已收拾好，为了防止箱子突然弹开，他进行了双倍加固。另外他还挂上了醒目的行李牌，因为现在的箱子实在都长得太像了。康拉德的行李并不重，但在出发前他至少已经称过四次，确保不会超重。

在柜台托运完行李，直到起飞前他终于可以松一口气了。登机后，他坐在了靠走廊的座位。康拉德每次都预定这种位置，这样双腿就能有更大的活动空间。飞机终于起飞了，如果一切都按照计划进行，他将拥有一个完美的假期。他清楚地知道每天要看什么，怎么过，所有的一切都已计划得尽善尽美。

但令人意想不到的状况发生了：康拉德的行李丢了，他倒霉地碰上了最有可能遇到的麻烦。一切都规划得好好的，怎么会这样呢？现在应该怎么办？他需要的所用东西可都在箱子里啊！怎样才能拿到箱子呢？一个个问题接踵而至，怒火也渐渐累积。

假期如约而至，但悠闲和放松并没有。康拉德把所有的精力都放在了这个行李箱上。箱子还没找到的情况下，他的目标只有一个：尽一切可能，找回箱子，无论付出什么代价。两天之内，他打了许多电话，无数次地去酒店前台。后来行李终于送达，所有东西又重新回到了他的身边。尽管如此，他再也没法真正放松下来了，这一切原本不用发生的。之前，他可是把一切都计划得如此完美啊……

## 计划先于行动

无论我们现在在做的计划是关于旅行、下个大项目、软件开发，还是新产品上市，都无关紧要。重要的是，在对困难或复杂的问题深思熟虑后，我们希望能够进行系统地规划。这给予我们安全感，也让我们理所当然地获得一种假象，即结果和未来总是可以预知的。

但请您不要误解，计划这件事从本质上来说并没有什么问题。我们需要加以区分的是，在什么范围和程度上做计划才是有意义的，它的界限在哪里。我们也应该意识到，复杂性对我们的计划能力所带来的影响。状况越不清晰和混乱，我们在做计划时就会越倾向于将它分割成更多的部分。但是在这种情况下，计划的效果通常也更差。这么说并非武断，也不是出于恶意，因为它与一个问题休戚相关，即每个部分与复杂情境之间的关系是怎样的。

心理学家迪特里希·德尔纳在他 2011 年所写的书《失败的

逻辑》中曾提到，他进行过一项有趣的实验。实验的目的是为了清楚地描绘出计划和复杂性之间的关联。这是一项电脑模拟实验，共有 48 名参与者。在实验中，他们成了虚拟城市罗豪森市的市长，决定城市的命运和发展。在虚拟的 10 年时间里，这些参与者能够以"独裁"的方式支配和管理着这座城市，没有限制，不用担心被罢免。最大的自由度和权力是这项实验成功的基础。

> 计划是指向尝试的一种行动。在计划中人们什么也不做，只是思考能够做什么。
>
> ——迪特里希·德尔纳

让我们再次回到罗豪森市：这座城市有 3700 名居民，本地经济支柱是它们的手表厂，大部分罗豪森市人都在这工作。其基础设施建设处于一般水平。每个市长（参与者）都能看到由模拟流程计算和跟踪的重要参数，如城市资产、失业率、手表厂的产量、求租或求购公寓的数量和居民满意度等。对德尔纳和他的团队而言，最为重要的是提取出参与者的思维和计划策略，以及假设的提出和建构。在这里，"好的"和"坏的"被试者在思维和计划上展现出了显著的差别。当然，这里所谓的"好的"和"坏的"都是以上述参数为基础的。

**"好"市长……**

▷ 做出更多的决定。

▷ 竭尽所能，有所作为。

▷ 对决策进行深入系统地考虑，并观察彼此之间的作用关系。

▷ 为每个目标找出多个备选项。

▷ 对假设进行验证和探究。

▷ 辨明因果关系。

▷ 在谈话中，关注话题本身，要点明确。

## "坏"市长……

▷ 做出较少的决定。

▷ 孤立观察每个方面和影响。

▷ 在缺乏验证的情况下做出主观判断

▷ 甘于现状。

▷ 谈话不连贯，主题较混乱。

▷ 避重就轻，顾左右而言其他。

就做计划而言，该研究得出的结论是："好的"市长往往能够找到最正确和最重要的领域，并在此不懈尝试。反之，正如德尔纳所言，"坏的"市长倾向于孤立地看待并解决问题。比如，一个"好的"市长会对一个普通老年人去电话亭的平均距离进行测算，并把它作为新电话亭选址的依据。比起关注那些他"应该"解决的问题，他更愿意首先将精力放在那些他能够解决的问题上。而"坏的"市长在解决问题时速度较快，但却只停留在表面，未能真正深入。当然研究也申明了，所谓"好"和"坏"的划分与智力无关，而是另有原因。

> ⚙ 应对不确定性的能力决定了我们的计划行为
> 是"好"还是"坏"。

## 不确定性导致更多的计划，更多的计划导致不确定性

如果无法完全理解或看透某种状况或问题，我们就会愈发小心谨慎地做计划，考虑所有的可能性和意外状况。但很遗憾，这样做的结果是反而提升了它的不确定性，因为信息和情境的数量都在不断增加，情况将变得更加捉摸不透。在"多多益善"的理念下，我们一边更加详尽地计划，一边却在这个复杂陷阱中越陷越深。

而在最初陷入困境时，我们对此毫无察觉，因为这时体系常会给我们一种积极的反馈。不确定性促使我们去搜集更多的信息，而更多的信息增加了不确定性，它又再次促使我们去搜集信息。这种要求扩大信息量的反馈，要么会在信息足够时画下句点，要么在无法得到更多信息的情况下，这种循环往复将被终结。而这时，情况可能会再次陷入僵局，没有决策，没有作为，整个计划完全走了样。我们或许会进入盲目的行为主义误区，在复杂陷阱中仓促行事，声称一切全凭直觉，为了行动而行动。在这种情况下，实施的质量和所有的参与方常常都深受其害。

您是如何在不明确的状况下做计划的呢？会采取哪些策略？您或许会在下面的列表中找到它们。

**逃避复杂规划的几种方式：**

▷ 转移注意力：如果在错综复杂的关系中很难进行计划和决策，那么您可能会将注意力转移到其他事物上（如同事、部门和供货商等），比如待送达的货物、待决策或完成的事项等。或者您会把自己的注意力放到与当前决策完全无关的问题上去。

▷ 孤立地看问题：要摆脱或暂时摆脱不确定性，您会关注能够计划和掌控的细节。这会让您获得一种掌控感和确定感，也可以让您在一段时间能避免进行决策或行动。

▷ 分步计划：更小的细节和计划步骤可以让您看得更明晰，也能给人带来一种确定感。但这也带来了简化整体的危险，因为错综复杂的情况是无法通过割裂的方式实现线性化的。

▷ 关注严谨的方法论：这也是一种转移注意力的常用手段，人们总认为它可以带来更多确定性。遵守了某种方法论，那计划也会变得更好，不是吗？但其实这里也同样存在着过度简化的危险。

▷ "我们总是这样做"：乍一听，使用一个曾获得过成功的方法似乎让人充满希望。但稍加考量，就发现其实不尽然。因为一个老的方法适用的往往是一个完全不同的情境，与当前状况并不相符。您所期待的确定感在这里也只是暂时的。

我们在做计划时之所以感到困难，不确定性是其中的一个重要因素，它会导致我们到头来既无法决策也无法采取行动。当然，不确定性也绝不是项目或企业失败的唯一原因。在错综复杂情境下进行计划，您还面临着其他的陷阱。

## 计划很美丽，现实很残酷

不少被媒体称作灾难的大型项目常常在计划阶段就会出现一些流言蜚语，说这个项目必败无疑。如今我们知道，在这些话的背后其实隐藏着一些真相。毕竟计划为项目奠定了重要的基础，而它又基于猜测、假设、目标和利益之上。其中纷繁复杂的多样性为计划失败的滋长提供了绝佳的温床。这里就有一个现实的例子。

自 2012 年 9 月亚德港启用后，几乎没有人会相信这个德国唯一的深水港会取得成功。该港口几乎具备了一切条件：约有500 个足球场大的面积，有自己的高速公路出口、16 条铁路交通轨道、8 个大型集装箱龙门起重机和 1.7 公里长的港口码头。出资方不来梅州和下萨克森州野心勃勃，预计该项目能带来大量的就业岗位，因为港口将以 270 万的集装箱转运量成为德国第三大国际港。另外，它还在 390 公顷的范围内进行了泥沙加固，届时将能够接待艾玛·马士基号级别的货船。亚德港成了德国威廉港市的一个新区，人们预计在港口投入使用后仅港口运转就能创造1000 个新的工作岗位。另外的 1000 个新岗位将由运输公司、仓储管理和铁路交通等实现。亚德港将为相对落后的西北部地区带去新的发展机遇。威廉港及其周边地区本身对港口的贡献十分有限，因为那里的货物运输量较小。

那么现在让我们来看一看运行两年后的亚德港：这个耗资数十亿的项目并没有给人带来更乐观的前景。每周平均只有两艘轮船在此停靠，而且运载货物也很少，它们只是将威廉港一带作为中继站。在第一年，港口的转运量只有不到 6.4 万个集装箱。2013 年，集装箱码头运营商 Eurogate 的大多数员工已经开始缩短工作时长。而冷藏物流集团 Nordfrost 也开始抱怨不止，因为它们已经投资了好几百万，希望能继续发展壮大自己强劲的蔬果物流业务。但几乎没有轮船停靠亚德港，所以冷藏库空空荡荡，而销售额也化为了泡影。

预期第一年 70 万集装箱转运量的目标对现在的亚德港而言可谓遥不可及。尽管如此，港口的扩建却一直在计划中。政府希望建造更多泊位，目标直指马士基 3E 级别集装箱船。而另一方面，航运公司并没有这种要求，因为它们的轮船完全可以选择开到汉堡港或不来梅港。甚至第二大集装箱码头运营商马士基似乎也没有继续扩建的意愿，它们最主要的业务还是集中在上述两个德国北部港口。

当然，建造一个大型港口也招致了环保主义者的强烈反对。

两个海滩遭到破坏，珍稀涉水禽类的孵化地岌岌可危。但项目开发者完全没有考虑到这项工程对自然环境所带来的长远影响，也没有公开发布过有关这种大规模破坏对亚德湾水利条件的长期影响的调查报告。而在此期间，人们却花费高昂的价格去修复导致项目延期的板桩墙裂痕。毫无疑问的是，它已经影响到了威廉港市的旅游业，因为现在两个海滩和一个露营地都已不复存在。

让我们来简单总结一下亚德港的实际情况。在做计划时，人们往往最关心的问题就是建筑工程所立足的假设和预测是什么。计划、建造和保留的依据是什么？当1993年这项工程计划起步时，做出的经济预测如下：到2025年，集装箱运输将以每年6%的速度增长。但在人们做出这个预测时，经济危机还没有发生。当时有一名挤奶女曾这样说过："威廉港市需要发展经济，需求就在那儿，深水港必定会建起来。"

所有这些事实都指向了同一个问题：项目规划时，难道没有去调研过周边环境吗？还是说一些不利的信息都被隐瞒了，仅仅是因为它们不符合这个天真的预测？亚德港并不是岛屿，要深入了解周边环境需要考虑到多方面的因素。比如鹿特丹计划扩建港口已经很多年了，它在此期间完工，同时在规模上超过了威廉港。此外在伦敦附近也曾经规划过一个新的集装箱港口。而马士基在汉堡港和不莱梅港几乎是满负荷运载，一旦航运公司将重心转移到威廉港，就意味着损失。这点至今没有改变。对汉堡人而言，汉堡易北河的河道加深工程是必不可少的，因为它意味着就业的保障。

相关负责人得出的结论：这个港口项目的错误仅在于其启动时间，但长期看来还是有必要的。

## 计划——是帮助还是束缚？

亚德港的例子已经非常清楚地告诉我们，传统的建筑、IT、组织发展项目和企业是如何一而再再而三地使用这种传统的线性规划，又是如何困于其中的。一个计划常以预测为基础，要求在某个时间节点完成，并对未来加以概述。对这样一个未来我们深信不疑，觉得它应该就是这样。我们也深知，在通向未来的道路上总会遇到一些意外，为此我们预备了系统的风险管理，以应对各种改变。但是我们几乎从来都没有认真考虑过一个问题，那就是未来可能完全是另一番模样。

> 一旦计划确定，我们就会执念于那个计划中的未来。

在负责人关于亚德港的结论中，我们很容易发现，尽管许多人早就意识到之前的推测不是那么一回事，他却依然笃信这个计划中的未来。做计划时，我们会以"已被验证的过去"作为依据，但却忽略了明天的一切都可能会与过去不同。

除了对未来进行了清晰地描绘之外，每个计划还应囊括成本、时间轴、风险、相关应对措施、对成功的承诺和质量等方面。所有描述都应清晰可靠，因为我们想清楚地知道，项目、企业和计划的落脚点在何处。怀疑、选择、意外和多样性都是对计划的阻碍，因为我们希望越简单越好。我们可以接受错综复杂的状况，但是却很难接受不用线性计划的方式去描述和完成一个错综复杂的过程。

在项目中也可以经常发现，人们总会把注意力放在计划本身，他们花在计划及计划流程上的时间远多于处理实际问题的时间。在每一次开会时，计划总是被摆到台面上讨论，所有人都把精力集中于此，因为计划应该是合适、完整和与时俱进的。而这却导致了为了计划而计划的结果。一旦意外、混乱或计划外的转变发生，应对就显得措手不及。在这种情况下，我们便开始纠结于失败，寻找责任人，但仍然一如既往地坚持原有计划。对于项目负责人而言，要承认他们的预期不符合实际或出了差错就太难了。因此他们通常避重就轻，推卸责任。就如亚德港负责人所言："港口启动于错误的时间。"

> ⑫ 这种普遍存在的计划方式的另一个问题就是：无论发生了什么，计划都会被贯彻到底。

接下来，我总结了计划失败的几种主要原因。其实隐患早在规划阶段就已埋下。

**计划失败的常见原因：**

▷ 存在风险管理时没有考虑到的困难

▷ 副作用和相互作用

▷ 孤立的观察研究方式

▷ 从关联性角度而言，没有掌握充足的信息

▷ 计划者和股东的过度自信

▷ 过度关注硬数据

▷ 把过去的成功经验作为方案和计划的基础

现在您可能会问，如果一个深水港的规划功能没有得以发挥，那么接下来该如何对它加以利用呢？其实已经有了一些初步的方案。比如有一些戏剧将会在港口上演，在货物运入和运出区域还安装了用于风力发电设备的旋翼。如果相关负责人继续考虑推进这类方案，那么他们也会开始逐渐接受计划有误的事实，认为开发港口的其他功能可能会更有意义。接受现实几乎意味着放弃目前为止的所有计划，这样的代价太大了。因此在下一个部分我们将会谈到，在成本过高攀升之前如何成功地对它进行控制。但前提是要通过完全不同的一种方式来看待复杂的计划。

那么首先让我们先来关注一个重要的问题：您是如何进行计划，并推进计划过程的呢？

## 为应对复杂性而计划

您对计划灵活运用的程度如何呢？又是怎样开始一个项目的？它涉及的是下一个销售季度吗，还是要在计划中说明下一个财务年度的目标？这一切都取决于您的态度和视角，进而决定了

您的行为。"行为"这个关键词会让我们很快联想到行为方式、程序和系统学等一系列关键词。许多人常常感叹，要是有合适的工具和技巧就好了，这样就能弥补人在这方面的不足了。

在软件开发领域，一些人相信他们已经找到了这样的一种解决方案，即敏捷方法（⇨ 参见术语表）。流程框架 Scrum（⇨ 参见术语表）就是其中的一种。它并不定义某一种行为模式，只规定角色、活动、工具或文档等，其目标是尽可能地提高工作的灵活度。敏捷方法在基本构建上就与传统的计划方式不同，虽然也做计划，进行组织，有明确的角色和责任分工，但是这些都与传统计划有显著的区别。敏捷方法在我看来是一种非常优秀的方式，但它还不仅限于此。比如虽然许多项目采用 Scrum 作为工程化方法，但是其后潜藏的态度和视角依然遵循传统的工程师软件开发那一套，这就导致了许多敏捷项目虎头蛇尾，方案几乎毁于一旦。

如果我在这里过多地介绍敏捷方法，或将 Scrum 作为其典型代表详细介绍，可能会脱离这一章的主题。所以在下文中，我将挑选其中几个重要方面进行着重分析，并将它与传统的行为方式进行比较。计划这个主题依然是我们讨论的重点。

"运行一个不断变化的系统"这是"敏捷方案派"的信条，而这句话也折射出了其暗含的基本态度。他们认为软件开发是一个棘手的问题，把它视为一项挑战，其中充斥着各种不完整、前后矛盾而又不断变化的要求。所以无论之前项目组织是否对它进行过探讨和计划，都应该将它纳入错综复杂问题的类别。早在 2001年，17 家知名软件开发商就共同签署了敏捷方法的指导思想。

**敏捷宣言**

▷ 我们通过身体力行和帮助他人来揭示更好的软件开发方式。经由这项工作，我们形成了如下共识：

1. 个体和交互重于流程和工具。

2. 可用的软件重于完备的文档。

3. 客户协作重于合同谈判。

4. 相应变化重于遵循计划。

注：在每对比对中，后者并非全无价值，但我们更看重前者。

计划并没有在创造价值。基于这种认识，敏捷方法认为"只需要进行一些必要的计划"。它首先关注的是满足客户期待，在任何时刻都保持足够的灵活度。敏捷方法的核心是短期迭代法，这意味着在每次结束时必须要产生一个可用的软件。相比传统的"大爆炸"法，它被设计成了更多小的短期循环。每次循环末期都要交付给客户可用的成果，当然它有可能会被客户接受或拒绝。

同时，每次结果也是下一次迭代的初始。此时所有参与方会再次明确目标，他们把大部分的时间都花在了实践上，而并非完善和改进计划。在每次的迭代过程中没有其他的外界要求影响，因此没有干扰，相对稳定。其持续周期大约通常从 1 周到 8 周不等，每次迭代都意味着重新审视和回顾的过程。而团队自身的活力以及客户合作等问题也同样需要加以反思。

项目计划和每一次的迭代过程是由整个团队共同完成的，而非依靠项目领导和管理者个人之力。在成本估算方面，负责人在此使用的方法也有所不同。他们首先确定的是项目规模，如大小和复杂程度等。与立即确定天数、周数等数据相比，这显然要容易得多。巴利·玻姆的功能点理论为这种方式奠定了基础。一旦确定了任务或问题的规模，就可以从中推导出成本的大小。显然，这种方式能更快地得出结论。此外，由于团队所有专家共同参与其中，其结果也更真实。随着时间的推移，计划会变得越来越具体，越来越贴近实际，而不是本末倒置。

在当代西方文明中得到最高发展的技巧之一就是拆零，即把问题分解成尽可能小的一些部分。我们非常擅长此技，以致我们竟时常忘记把这些细部重新装到一起。

——阿尔文·托夫勒[1]

这里就出现了一个问题，没有资金和时间成本预估，项目该如何进行？其实，这是对敏捷方法的一个重大误解。时间和预算是固定的，而结果和功能则是可变因素。相反，在传统的计划方式中或多或少都会提及预期目标是什么，并通过做计划来确定完成的时间。

在敏捷方法中，时间和预算是既定的，人们在这个框架内与

---

1　Alvin Toffler（1928—2016），美国未来学家。

客户共同协商，因此期望管理在这里才显得尤为重要。第一份计划往往是非常笼统的，但它之所以重要是因为它产生于过程中而非之前。它诞生于专家的讨论，在软件研发和试验后又通过第一次迭代过程得以改进。这第一次循环就是一次找寻解决方式又重新加以否定的试验，它所实践的就是安全—故障试验法。

　　❷ 比起纯粹的计划，您可以把敏捷计划更多地视为一种更灵活变化的方式。

　　其实到头来，决定成败的并非方法或工具，而是人的态度。尽管如此，敏捷方法的理念还是为应对复杂的任务和项目提供了非常好的依据。当然，敏捷方法也远远不只是计划而已，它赋予了软件开发一种新的理念：即软件开发是由人完成的，因此团队活力也将对它产生根本性的影响。敏捷方法还认为，团队也是错综复杂且不可预估的。这一系列前提条件对已经高度结构化和机械化的工作领域而言，无异于一场革命。

　　许多领导者、管理者和员工可能会认为，软件开发是一个专业领域，这个方法无法转而运用到其他领域中。我认为这种说法既对也错。敏捷方法的理念和要点已经在其他复杂领域得到了运用，并取得了良好的效果。但是，就像我一直说的，在涉及复杂性的时候，我们必须要充分考虑它的具体情境，以及敏捷方法用在此是否恰当。


　　　　制订纲要，这往往是一种华而不实、虚张声势的精神工作，人们通过它来表现出一种有创造性的天才的神气，所要求的是连自己也给不出的东西，所责备的是自己也不能做得更好的事，所提出的是连自己也不知道可以在什么地方找到的东西。

——伊曼努尔·康德

这些运用敏捷方法的公司逐渐在其他领域也找到了 Scrum 的用武之地，但在组织发展和策略管理方面它还不是那么为人所知。尽管如此，软件开发领域的这些基本原则还是非常容易理解的。在本章的最后一个部分，我会继续对此加以解释，并补充一些在错综复杂情境中进行计划的要点。

### 错综复杂情境中进行成功计划的要点

▷ 灵活性源于观念。

▷ 接受"变化是永恒的"。

▷ 与客户和市场等保持密切的交流。

▷ 进行能产生具体成果的多次小迭代。

▷ 允许自组织化管理，至少将自我管理作为第一步。

▷ 经常性地回顾和反思。

▷ 建立结果、过程和行为的透明化。

▷ 考虑到结果被回绝和信息过剩等问题。

▷ 考虑未来时，要制定切实可行的方案。

当然，我本人对于"敏捷方法是唯一途径"或"远离传统计划"等有些过于偏激的观点并不能苟同。采用怎样的方式，首要考虑的问题是组织具体所处的情境，考虑哪些问题适合继续采用传统的计划方式，哪些问题更适宜一种全新的视角和行为方式。但有一点是毋庸置疑的：错综复杂的状况不适宜用线性的方式进行规划和实践，因为总会有意想不到的情况发生。另外，无论选择了怎样的模式，运用模式的人才是最具决定性的因素。

## 本章要点

▷ 计划是思想上的行动。

▷ 不确定性越大，计划就越抽象。这会直接导致误入复杂陷阱。

▷ 线性计划不适用于错综复杂的状况。

▷ 复杂性需要迭代而非线性的方式。

▷ 要应对错综复杂的状况，就要在制定方法和决策时保持观念的灵活性。

陷阱 6

**搜集数据，一览全局**

"我需要一个迅速的、完美无缺的解释！"您是否经常会从政客口中听到这句话？在德国联邦情报局事件、美国国安局事件、联邦铁路事件、新纳粹组织事件、捐助事件、明镜周刊事件、VISA 卡事件、能源公司 EnBW 事件和"欧洲鹰"无人机事件等一系列事件中，我们总会不断听到这句话。但这句话到底意味着什么呢？又会有哪些影响呢？

　　当然，它首先意味着：我们正试图尽快找到责任人。接下来人们便开始进行大规模的数据搜集，组建调查委员会，就数据开展大量的调查分析工作，以便能够一览全局，明确相关责任人。在此我们感兴趣的正是所谓基于大量数据分析的事件全貌。

　　以"欧洲鹰"无人机丑闻为例，让我们首先来回顾一下事件发展经过。2013 年 5 月，官方出面停止了无人侦察机的研制项目，理由是准入许可问题以及费用远超预算。该项目的研发是由欧洲宇航防务集团 EADS 与诺斯洛普·格鲁门公司共同合作承担的。EADS 公司提供信息传感器，诺斯洛普·格鲁门公司负责研制飞行器。而根据目前我们所了解的情况，这家美国公司始终无法提供必要的文件，因而未能获得进入德国的航空技术许可。虽然讨论这个事件产生的原因一直是热门话题，但是在这里我们还是把注意力集中到信息量的问题上。

2013 年 6 月 26 日至 8 月 26 日，"欧洲鹰"事件调查委员会一直致力于寻找一个完美无缺的解释。他们搜集了大量的数据信息，依据 770 多份卷宗展开工作。当时文件夹中的资料已经超过了 400 页，委员会中约 30 名工作人员对它进行了整理、审阅和修订，另外还有更多的数据在审问阶段产生。这里涉及大量的数字和细节，比如"国防部长德迈齐埃先生不用绿色的记号笔"等信息。

而往往在"数据洪流"的尽头，人们才会猛然发现：原来这些情况早已了然于心了。那么，我们从这个案例中能学到什么呢？大量的信息意味着能掌握事件的全貌？其实不然。这样做至多意味着我们能看到和处理一些关键的数据信息。而早在 2002 年系统概念研究组就公布了他们"关于远程航空监督和侦查"的研究报告。报告中称，空中交通管制的准入性问题亟待解决。这个信息早就已经在那儿了，但看起来人们似乎对此并不关心。

您是否会觉得，一不小心就忽略了风险的事会时有发生？但我却认为，这里已经不仅仅是一个单纯的忽略风险的问题，而是关乎整个体系。一旦有任何情况发生，或者尚未发生，我们就会马上陷入数据的迷雾中，寄希望于在一览事件全貌后豁然开朗。于是我们开始搜集一切，无论是事件主干还是细枝末节。

　　这个例子只是个案吗？绝非如此！2013 年 8 月提交的新纳粹组织事件调查终结报告就多达 1357 页。说实话，谁会去阅读和研究它呢？在 2005 年调查 VISA 卡事件时，调查委员会审问了 58 名证人，整理了 1600 份卷宗夹。而美国"9·11 事件"调查报告中的信息更是从 250 万页的文件中筛选而出，同时调查了 1200 人。而最后的结论是，导致恐怖袭击可能的原因是各个机构之间缺乏配合，还需要搜集更多的信息。到头来所有的调查者和参与者还是从自己的角度来解释这些数据。

　　说实话，这些数据量已经超出了人脑的容量。但其实在这里，最关键并不在于它的量，而是它的重要程度。当局者迷，当我们深陷其中时，往往会忽视这一点，所以容易一叶障目。但或许这就是人们想要达到的效果，因为搜集数据的过程的确看起来像是在忙碌。无论如何总该做点什么吧，最起码这会给人带来一丝心理安慰。

## 信息匮乏——信息时代的核心问题

　　我们真的正在经历信息匮乏（⇨ 参见术语表）的苦恼吗？这是否是我们搜集更多数据的理由？答案是肯定的，但在这里我们首先要将数据和信息加以区分。手机上最新的旅游照片、mp3 播放器上的音乐、硬盘上的备份等，它们都是刚刚储存的数据，仅此而已。只有当它产生了意义，我们能对它加以理解时，它才成为信息。

信号、数据、话语、图片、比特和字节并不一定是信息。在定义"信息"这个概念时，控制论学家格雷戈里·贝特森的话很好地解释了其中的误区所在。他认为："信息就是生异之异（the difference that makes a difference）。"

> 如果人对某种数据能够加以理解和认识，那么这类数据就是信息。

### 对数据的破解首先源自人的头脑

组织的领导者常常需要做出决策，但他们所处的情境总是让人捉摸不透又高度变化，因此他们会觉得自己掌握的信息还不够。为了能做出一个又好又稳妥的决策，便开始搜集更多的信息。而在一个错综复杂的环境中，人无法掌握所有的信息，也不可能全面了解自己所处的状况。但只要他们没有意识到这一点，就不会停止搜集信息的脚步。没有一个管理者或领导者愿意看到由于自己的原因导致可能的决策失误。

其实，在大量数据的背后，隐藏的是对犯错和惩罚的担忧。它让人走入了进退维谷的境地，最糟糕的状况就是根本无法做出决策。要一览全局，就需要更多的信息。但表面上，这又暴露出了新的信息不足，从而促使人进一步搜集信息，如此恶性循环。

我们总是笃信，只要拥有足够的信息，就能理解和预测错综复杂的体系。这归根结底也是一场关于控制和权力的斗争。谁掌握了知识，谁就有发言权。这种观念在许多领导者和管理者的脑中根深蒂固，但他们却没有意识到，在错综复杂的组织中，根本就不存在一种包罗万象的知识。

## 自我认知的确认尤为重要

做出决策是搜集数据并对此产生依赖的另一个动机。在面对新信息时，每个人都倾向于借助已有的经验和信条对它进行诠释和理解。为了能更好地对外加以论证，我们时常会不断寻找，直至找到了与之相符的信息。这样一来，我们不仅能证明早已知道的事，同时也能说服周围的人。这种心理现象早已为人所知，并在许多实验中得到证实。英国著名认知心理学家彼得·卡斯卡特·华生在不同的实验里描述并证明了这种证实偏差（⇨ 参见术语表），其中最著名的就是 2-4-6 实验。

实验者给被试者一组三个数字 2-4-6，并要求他们说出符合相同规律的其他数列。之后被试者能得到"符合规律"和"不符合规律"两种反馈，同时需要进一步说明相应的规律。实验中设定的规律是：任意三个不断增大的数字。

被试者必须要做出假设，并加以验证。大多数人的第一推测是 8-10-12，并得到了符合规则的肯定答复。因此他们会继续加以判断，这里的规律可能是"加 2 递增"或"偶数列"，但其实这并不正确。通过实验我们可以得知，大部分的被试者采用的都是正向肯定的测试策略，这就导致了他们说出了正确的数列，得到了"符合规则"的肯定答复，却无法找出正确的规律。反之，有意识地寻找可能是"错误"数列的试错法反而能更快地帮助被试者找到规律，因为与不断地重复证明数列正确性的方式相比，这种策略更能开拓思路。

有时我们搜集数据和信息，也是为了证实我们自己主观思想的正确性。但这极易导致主次不分，因为我们会关注能够证实我们预先想法的数据，而忽略了其他的。最关键的数据可能就隐藏在被我们忽视的部分中。这也解释了为什么调查委员会的最终调查结果往往是我们"早就知道的"。

> 证实偏差使得我们在数据洪流中只挑选那些能够证明我们观点的信息。

## 无时无刻不在增长的数据量

我们都清楚，每个人每天使用、分配、分析或忽略的数据量是庞大的。但您是否知道，自己每天产生了多少数据呢？让我们一起来一探究竟吧。假设您（K先生或K女士）是一名普通市民。每天早上约6∶30分，闹钟或手机将您唤醒，这时您做的第一件事可能就是打开手机。而此时此刻手机已经将您的信息记录到了本地数据终端，还定位了您的起床地点。洗漱之后，您打开笔记本，在喝咖啡时查阅电子邮件，浏览最新消息。而上网时间和浏览内容都已经被保存到了服务器上。

接着您发送了今天的第一封电子邮件，收件人和内容都被保存在了笔记本的本地硬盘中。在一位同事发来的邮件里，您看到了一个主题演讲的链接，内容是有关复杂性的，于是便打开它，开始观看视频，这时服务商又储存了数据。这个演讲很对您的胃口，所以您便在 XING（德国社交网站——译者注）、Facebook 和 Google+ 等社交平台上转发分享了这个链接。而转发这一举动和其他网络行为一样也在系统中留下了痕迹。

接下来您动身去上班。和每天一样，您把车停在了火车站旁的停车场，在开车前还很快地给您的兄弟发了条短信。这期间，手机一直连接着网络，能随时进行定位。来到办公室，您打开电脑，参加了一个电话会议。在开会的同时登陆了 Facebook 账户，收到了两条 WhatsApp 消息，所有这一切数据都被一一记录下来。

在下班回家的路上，您还去了趟超市，买晚上做饭的材料，用 EC 卡买单，还用 Payback 卡积分。这时，您购物的数据也被记录了下来。回到家之后，您会继续上网、使用手机、玩网络游戏或点播电影，新的数据还在源源不断地产生。就这样，您每天都在产生着大量的数据，日复一日。那么我们是否已经习惯于应付如此庞大的数据量了呢？是，也不是。是，是因为我们生活在信息时代，信息意味着优势，多多益善。但事实真是如此吗？并不尽然，无论我们搜集了多么庞大的数据，信息的匮乏感还是依旧挥之不去。

2014 年 4 月，信息技术和远程通信领域的著名市场研究公司 IDC 发布了研究报告，题为《充满机会的数字宇宙：丰富的数据和互联网不断增长的价值》。根据报告分析，2020 年的数据量将增长至 44 泽字节，即 44 万亿 GB。而 2014 年全球数据量大约是 4.4 万亿 GB，其中包括了我们在 Facebook 上发布的旅游照、自拍和午餐抓拍、在流媒体上观看的所有电视节目、火星或发电厂探测仪传到控制中心的数据以及在所有企业里产生和处理的数据等。所有这些都是相当重要的大数据，而这又带来了另一个问题：到底哪些才是关键数据？对谁而言？对于什么事而言？

根据 IDC 的报告，2013 年的数据总量中只有 22% 被进行了加工处理（如分类和分析等），而有 5% 的数据则完全没有被分析过。数据多，而信息少。分析报告认为，到 2020 年，可用的数据量会上升到 35%。数据洪流的最大部分源自消费者、员工等个体，而企业却要对其中的 85% 负法律责任。

和许多科技媒体一样，这篇研究报告并没有对越来越强劲的数据增长势头及其优点进行深入的探究，通篇似乎只在阐述一项人们需要遵从的自然法则而已。而 IDC 提供的解决方案也都近似雷同地提到了"大数据"。人们大肆宣传大数据这个概念，认为它是企业获取成功的必经之路。另外，报告中还提道："数据和分析多样性越丰富越好。"但是至于好在哪里，报告并未给出明确解释，只隐晦地提到了数据分析的市场指数。这一市场价值 400 亿美元，并仍以每年 10% 的规模增长。无论这难以置信的数据量给谁带去了最大利益，我们终究还是要在各自的组织中处理和应对越来越多的数据和信息。

如今，我们会让自己尽可能地置身于一个系统化的数字世界中。数据被整理和归类，以便于分析。但未来我们所要产生的更多数据是五花八门、模棱两可又不系统的。因此从企业的角度而言，必须寻求一些必要的技术支持，比如投资相关数据库、文本分析工具、本体编辑器、数据库提取器和平行数据系统等。事实上，我们事先并没有考虑这些数据是否真的是所需的，只是希望借助这些技术手段来掌控数据。

> ❽ 庞大的数据量让我们望而生畏，因为我们知道处理完它是不可能的。

与此同时，总有些人对"在茫茫的数据中总有答案"的看法深信不疑。但它隐藏得如此之深，以至于人们不敢去一探究竟。我们要特别注意，不要混淆"解决方案"和"辅助工具"这两个概念。大数据最多只能算是辅助工具。而且这一点只有在满足以下条件时才成立，即我们能在日益增长的数据量中筛选出关键数据，加以理解，给予它意义，并使它从数据转化为信息。

矛盾的是，茫茫的数据同时又会导致信息的匮乏。在已有的数据中，只有当它被赋予意义时，才会成为信息。而无关紧要的数据是无法被赋予意义的，它们只是且一直会是没有信息量的数据。这就是导致信息匮乏感产生的原因，这也会导致人们想要搜集更多数据，而非忽略那些无关紧要的数据。但是，筛选出重要的信息是无法借助技术手段完成的，它自始至终还是管理层面的问题。

在这里请允许我提一个问题：您怎样去利用这些在日常生活中已有的和被筛选出的数据呢？它们到底有什么用呢？当然，我们需要利用数据和参数，去成功管理一个部门、组织和企业，去领导员工。了解企业管理的关键数据是必要的，也是正确的，但是我们的实际做法却有些过犹不及了。早年，在我担任管理者和销售负责人时也把大量的时间花在做规划和预测上，而其中就充斥着大量的百分比和时间期限。这项工作所耗费的时间最短一周，最长会一直持续到下个销售会议。

搜集客户信息当然是非常有必要的。它们将被储存在 CRM 客户关系管理等类似系统的终端，即便在相关员工离职时也能被保留并充分发挥作用。此外，对这些信息进行研究，还能促进新想法、结论、方案等的产生。但如果搜集客户的信息只是为了尽可能地去填充数据库，误以为这样能够让想法和行为有预见性，那就是白费功夫了。

> 无论搜集了多少数据，我们只能从中发现事情的发展趋势。

您首先需要从各式各样的数据中找到关键的信息，这就是其中最重要的一点：我们搜集了大量的数据，需要的却只是关键数据，但它们不会自动从中分离出来。解决数据不清楚和不透明性问题的方法不在于数据量，而在于关键性（⇨ 参见术语表）。

**关键信息是决策的基础**

作为个体的人，我们是无法应对处理如此庞大的数据量的。人的大脑是解决问题的器官，而不是进行批量数据处理的。但是，发现数据的关键性却是人脑的一大优势，关键在于我们是否愿意去运用它。亲爱的读者们，倘若您在非洲大草原遇见了一头狮子会怎样做呢？您当然可以按照"罗列所有可能数据"的准则，搜集所有关于狮子的知识，如平均寿命、体型大小、体重、狩猎和养育幼崽的方式等。或许您无法全面地搜集到所有的数据，因为狮子就近在眼前。当然，您也可以全凭直觉，在零点几秒的时间里找出狮子的关键信息（处于食物链最顶端的生物 = 高度危险），然后逃跑。这当然更快，也更明确。

利用关键信息，就如在大草原上面对狮子时的判断，但这一点在管理中却被我们所遗忘了。一个普遍的观点是，"更多的信息"就意味能更加清楚地"一览全局"。当然在某些情境中，的确存在由于信息缺乏导致无法进行决策和管理的情况。

> 信息过多或过少的结果都是一样的，即认识的缺乏。

如何在数据洪流中分辨出关键信息呢？作为管理者，怎样才能做出正确的决定？这是个好问题，尤其在面对各种问题又无法做出具体预测的情况下。比如成功将新产品投放到顾客群体，提升本季度的销售额，找到技术解决方案，或是在变革过程中促使人们尝试变化等。

让我们再次回到《阿波罗 13 号》中的场景。为了营救整个机组人员，太空船必须要断电。于是，地面控制中心就开始寻找解决方案。这是一个未曾预料到的新状况，更不用说去模拟这个场景。于是相关负责人开启了多轨策略：针对新的状况，开启模拟场景。另外，所有的专家都被召集到了一起，包括设计太空舱内最小部件的专家。他们共同从整体探讨研究这一状况。一个投入庞大的分析过程开始了。

但很快，人们就发现了新的问题——机组人员要转移的登月舱并没有配备能维持几天的足够氧气。而唯一的解决方案也似乎不可能实现：将飞船方形端口的二氧化碳过滤装置与登月舱圆形端口的空气净化系统相连。为了解决这个问题，专家们集中精力研究飞船中的可用材料。在这里，他们所讨论的是极有针对性的关键信息。

您或许会说，在这个情况下，问题是相当清楚的，所以也能轻而易举地找到其中的关键性。如果当前的问题是将产品投放到市场，那么情况会怎样呢？一定会涉及包括市场、客户、目标群体、趋势和前景分析吧？简言之：人们会认为，这些分析能让"市场"这个错综复杂的体系也变得可以预测。

🐾 一个产品或一种措施能否取得成功，是无法用推理的方式进行保证的。

通常人们在回顾一个事件的过程中总是很容易发现成功的原因，但要在市场上开展一些有依据的试验，不是盲目而为，往往还需要其他的信息。这时您当然可以效仿一些成功的模式。比如，当您发现有些动物的叫声也被用于手机铃声时，便将海豹的叫声作为备选铃声提供给顾客，做出一件"跟风产品"。

但是，要真正掀起一股引领市场的新潮流，这样做是远远不够的。您应该在自己的领域对各类事件保持高度的敏感性，对市场保持高度的热情，而不是纯粹地做报告分析。苹果公司具有卓越远见的领导者史蒂夫·乔布斯就是最好的范例。iPod 的成功始于 2001 年 10 月，当时乔布斯在发布会上出人意料地介绍了这款能够储存 1000 首歌的 MP3。从设计角度来看，它与同类竞争产品相比显得截然不同：不仅体积小、按键少，有硬盘，还能刚好放入裤袋中。可以说，这款 iPod 为苹果公司之后 i 系列产品的成功奠定了基础。

为了更好地理解，我们首先需要追溯一下历史。在 1997 年乔布斯回归苹果公司时，公司业绩几乎处于谷底。但短短一年之后，即 1998 年 5 月，苹果就发布了 iMac。在 45 天内，这个新款一体式电脑就卖出了 30 万台。它有别于其他灰色的普通电脑，色彩丰富，显得前卫时尚。同时，它也成为青年人最常谈论的电脑。当然，iMac 的成功还是要归功于乔布斯对市场需求的敏锐感知。

> 直觉是上帝的礼物，理性思考是忠实的仆人。我们现在创造了这样的一个社会：尊重仆人，却忘记了礼物。
>
> ——阿尔伯特·爱因斯坦

1999 年，Napster 公司实现了第一次网上音乐销售，并很快在世界范围内获得了成功。它标志着从网上下载 MP3 格式的音乐已经成为一种趋势。很快在市面上就出现了第一批 MP3 播放器，从此人们在路上也能听音乐了。生产第一台随身听的索尼公司错过了这次发展机遇，而苹果却没有。2001 年 1 月，苹果借由 iTunes 服务开启了自己的音乐业务，主要面向年轻一代提供 MP3 服务。而这时，距 iPod 问世仅有 9 个月。

可以想象，这个情况对 Napster 是不利的。它输给了音乐产业，因为泡沫早已被刺破，而"9·11 事件"又抑制了人们在这一领域的消费。但是最关键的是，苹果将时尚的设计和 MP3 的使用完美结合，因而赢得了众多消费者的心。iMac 方便、清楚和简洁的设计理念与 iTunes 一起，在 Mac 用户和其他消费者群体中掀起了一股波澜。

> 你不能只问顾客要什么，然后想法子给他们做什么。等你做出来，他们已经另有新欢了。
>
> ——史蒂夫·乔布斯

也许眼下您正面临着挑战，必须要在企业内推进变革，所以就花大力气研究变革管理。这时您体会到了信息在变革过程中的重要性。许多管理者常会疑惑：哪些信息应该被传递给哪些群体？又应该在何时以何种形式继续传递下去？当然信息不能过量，不应该对员工过分苛求。但信息又不能过少，所有人最起码应该了解其工作内容是什么。

遗憾的是，许多负责人一直在透过管理这个有色眼镜看问题。他们发布那些经过政治过滤的信息，并用宣传册和路演的方式进行推广。这样做很难引起消费者的共鸣，只能赢得很小一部分的客户。只有少数人会为此感到兴奋，愿意去尝试变化。那么，问题的根源在什么地方？是我们选择了错误信息吗？还是信息量过少？

事先我们往往都不知道，在我们的"组织"中，如何才能引起共鸣。只要正确的方法还没有找到，信息分配的过程就是一个试错的过程。这个过程可能会进展得很顺利，但也不见得一定会顺利。如何找到共鸣点，德国的奥托集团在其"强化集体意识"的全球项目中给出了很好的示范。

## 奥托集团——凝聚数万员工

奥托集团在全球 19 个国家拥有 100 多家公司，约 55,000 名员工。2004 年，人事发展部、市场部和公司联络部的负责人一致认为，加强奥托集团各公司之间的联系迫在眉睫。

强化一个组织内部的集体意识是一个关乎价值观的工作，因为只有共同的目标和价值观才能将人联系在一起，形成关系网。一个可行的方案是通过企业管理来完善核心价值观。为了在整个组织中传递某种价值观，相应的沟通联络措施必不可少。这就是为什么有时候产生和分配的数据量很大，但是效果却常常不尽如人意。而将人这个重要因素也囊括到方案中，探寻他们感兴趣的因素，将会是一个更有效的方式。

因此，奥托集团选择了一条不同寻常的路。中层领导们接受了集团的访谈，并提出了当前各个公司的价值观。根据对各公司价值观的分析，奥托明确描绘出一个共同的"价值观地图"。在该项目中，传递出的具体价值观有：热情、革新、网络式工作和持续性等。项目负责人借此寻找企业中最显著的那个共鸣点，然后采取有针对性的措施，激发和强化员工的企业认同感。

在这一点上，奥托集团同样采用了特别的方式，也取得了良好的效果。在"奥拓集团里程碑——一起铸就更多"的口号号召下，员工们参与到了彩绘石头的活动中，并将它寄回总部。每个公司的管理者同时也是此次活动的推动者，他们独立组织了各种以"石头"为主题的活动。比如准备了彩色油漆桶，在食堂供应特别餐：牛肝菌和花鳅（这两种食物的德语说法中均出现了"石头"这个词——译者注），或举办石头派对。每收到一块彩绘石头，奥托集团就会为儿童援助项目捐助 3 欧元。而评选出的前三名每人将得到 500 欧元的奖励。

活动结束时，在汉堡奥托集团总部大门前环绕着 33,600 块石头。项目本身就是它所要传递价值观的真实写照：持续性（石头）、网络式工作（合作和派对）、革新（每个公司自己组织的活动）和热情（长时间的创作，让不少彩绘石头成了艺术品）。奥托公司让员工们充分参与其中，现有的价值观又重新引起了人们的关注，并通过集体活动进一步强化。

> ❀ 当我们知道，人们感兴趣的是什么时，我们就可以把它作为引起共鸣的触发点。如果对它一无所知，所有的努力都可能会付诸东流。

找出并筛选关键信息是一个值得思考的问题。到底该如何判定一个事情是否是关键的？又该如何在混乱的信息流中准确找出那个影响我们未来发展的关键点？

## 暗藏机遇与挑战的微弱信号

回顾近年来的各种事件和危机，我们会发现，其实事情在发生前已有征兆。无论是"欧洲鹰"还是"9·11"，前期的微弱信号早就透露了结果。那么，国防部和相关公司中有那么多能人，为什么这个无人机项目会发展成丑闻？他们是没有注意到这些信号，还是不愿去注意？

1999 年 11 月，德国国防部和国防军观察员来到了加州爱德华兹军事基地，观摩全球鹰（"欧洲鹰"过去的名字）无人机的试飞，但在试飞两天前却由于软件问题被取消了。其实，这已经不是第一次出现类似问题了。早在 1999 年 3 月，有一架无人机在接到了错误的信号后开启了坠落程序，坠毁于沙漠中。尽管如此，直到 2000 年 3 月才开始进行官方讨论，对全球鹰无人机进行评估。在 1999 年 12 月提交给时任国务秘书的文件中，第一次提及了准入许可问题："无论是准入许可标准，还是空运的相关规定都说明了，将高空无人飞机投入使用是成问题的。"

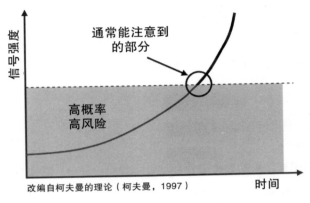

高概率
高风险

通常能注意到
的部分

信号强度

改编自柯夫曼的理论（柯夫曼，1997）

时间

微弱的信号是无法被发现的

　　该项目失败的一个重要原因是防撞击系统的缺失。这个系统在欧洲领空范围是必不可少的。自 2004 年起，专家就已开始反复强调这个问题。如果没有配备该系统，飞机就只能在一个相对密闭的空间中飞行。比如 2005 年在德国范围内进行的试飞。这次试飞中存在着严重的技术问题，飞机失控，跌跌撞撞地冲向天空。2009 年，国防军需专家再次来到加州，当时制造欧洲鹰的工作已经结束，但飞机却无法再次进行试飞。这种状况一直持续到 2013 年中旬，项目因部分失败而宣告中止。而截至此时花费已高达 6 亿欧元。

　　这些事件的新闻报道总是倾向于寻找相关责任人，证明他的能力不足，或出现了人为失误。显然，这种做法缺乏远见。而采用另一种视角来审视整个过程，将注意力集中在观察、偏见和团体思维上可以帮助我们更好地处理一些早期的预警和微弱的信号。观察、阐释、得出结论和进行决策同时发生于个人和组织层面，因此对两者都应加以重视。

## 客观只是一个幻想

我们总认为，我们能够客观地看待事实，并做出客观地判断。但事实上，绝对客观（⇨ 参见术语表）只是一个幻想。

> ⑩ 管理者和领导者在判断和下结论时必须小心
> 这个陷阱，因为很多人会在这儿碰钉子。

在前文中，您已经了解了证实偏差这个常见陷阱。我们挑选出信息，用符合我们自己期待的方式来阐释它，却自动忽略了不符合我们期待的内容。这种在注意力高度集中或面对未知领域时变得尤为明显的心理现象就是选择性认知。心理学家丹尼尔·J·西蒙斯在每次管理人员培训时都会进行"看不见的大猩猩"实验，它也成了一个被普遍运用的测试。观察者要观看一段视频，其中有身着黑色或白色 T 恤的运动员在传球。他们的任务是要数出白衣球员的传球总数。期间有一只大猩猩走入球员中间，捶打胸膛后又消失在了镜头里。

大约 50% 的观察者完全没有注意到大猩猩的存在。他们过于关注传球这件事，而自动忽略了"无关"的信息。甚至有的人事先知道这个视频，注意到大猩猩的上场，却依然没有发现视频中的其他变化。在这个测试的另一个版本中，背景幕布的颜色发生了变化，同时有一名黑衣球员退场。这些变化都与原本的目标——数出传球总数毫无关联，它们因此被忽略或屏蔽。

注意力越集中，视野就会变得越狭隘，这是我们需要注意到的一个事实。此外，我们还应该有意识地训练自己的注意力，以便能够观察到更多的信息和细节。注意到微弱信号意味着留心观察：关注自身的观察、理解和评价机制，关注环境和事件本身。

> 🔵 即便我们意识到情感和认知模式影响到了所获得的信息，我们依然不是客观的。

我们通过数据得出结论，对状况、谈话、某个人或团队进行判断。但这个过程中，信息发生了扭曲，比如合理化就是其中一个可能的原因。我们会在事后找到具有说服力的依据，解释事情的经过和状况，但却总试图解释得让它符合我们的价值观。这种情况在寻找他人或外界错误原因时经常发生。

或许我们会笃信自己的主观想法，认为世界是积极的，心中所愿会战胜所有消极因素。但有时我们却会犯基本归因错误，相比外界因素更倾向于把原因归结于基本的人格态度。我们也可能把他人的行为和自己的行为相关联，有时程度深到让我们自认为身处事件中心，并无一例外地从自己的视角诠释整个过程。如此一来，我们又落入了自我中心主义的圈套。

汹涌而至的数据洪流令人晕头转向，我们有时不仅会刻意找寻那些能证实我们想法的信息，还会找寻那些能有力支持我们想法的信息。致力于寻找志同道合者的人并不罕见，比如在会议中争取每个人的认同，或者用诸如"难道您不也这样认为吗？"等表达来强化自己的观点。如果管理者这样做了，即便有许多员工私下并不认同，但给出的回应却很有可能是肯定的。

从根本上看，这种方式可能会导致观点固化，不去寻找或观察其他方面和信息，在回顾时，就会认为之前的观点"符合"事实。这种后视偏差是一种常见的曲解，导致人们认为自己原本的观点和判断与事实相符，我们早就已经料到结果了！事后人们总会高估自己对结果的预测，以及相应的关联性、原因和理由等。

## 为何集体决议并不总是更优方案？

1961 年 4 月 17 日，美国展开了入侵古巴的行动。作为中情局计划的行动之一，约 1300 名古巴流亡者登陆"猪湾"，他们的目标是要推翻卡斯特罗政府。据特工的观察，卡斯特罗军队路线不仅模糊不清，甚至是错误的。人们笃信，在这次出其不意的行动之后，这支军队将分崩离析。但古巴军队的真正实力却无人知晓。美国总统肯尼迪团队所犯的一个致命错误是，他们认为古巴空军实力很弱，很快就被能打败。虽然美国知道，卡斯特罗拥有苏联的轰炸机，但却推测该轰炸机应该没有那么快能投入使用。然而，他们却忘记了从 1960 年 10 月起古巴就拥有一批经验丰富的捷克飞行员了。

约翰·肯尼迪在入侵即将开始前停止了对古巴流亡者的军事庇护，同时在公开发言中强调，美国不会对他国进行军事干预。美国预计古巴约有 2400 名地下抵抗者愿意为美国投入战斗，但这一消息的来源并不可靠。诸如此类的重大判断失误最终导致了猪湾事件的灾难性后果。不完善的计划以及沟通不畅或许就是专家团队所犯的最严重的错误。

那么，为何这些所谓的专业人士无法判断信息是否有效，并做出可靠的决策呢？

团体思维（⇨ 参见术语表）是指在一个团体内存在着强烈的同类感。这种同类的错觉有时真实到让人不再对某个观点进行质疑和检验。

> 🌀 团体自认为无懈可击，但却因此导致了更多潜在的风险。

"在约翰·肯尼迪以及他所召集的所有人才的共同领导下，似乎没有什么能够阻止我们。我们相信，凭借果敢、创新和不懈的努力，我们定能克服所有困难。"这是罗伯特·肯尼迪于入侵前一天在国防部发表的谈话。而这种亢奋的状态让团体根本无法做出理智的决策，大家把普遍认同的观点默认为正确的，甚至是实情。即便某个人有不同的见解，也不会表达，因为没人想当"懦夫"，或者被排挤。对每个成员而言，从某个时刻起，团体中和谐的重要性要高于个人意见或是可能出现的风险。在此，团体思维的效应与团体性知识的积极作用相互矛盾。

**1982 年，贾尼斯指出了团体决策中的七种错误：**

1. 几乎不去寻找备选方案。

2. 没有对真实性进行全面的检验。

3. 没有考虑或质疑偏好决策的风险性。

4. 没有对备选方案进行重新评估。

5. 信息渠道不畅。

6. 在表达个人观点时，倾向于对信息加以筛选。

7. 未能对严格的行动计划加以完善。

那些早期信号的强弱程度只有在讨论中加以论证，犹如拼图一块块相连时才能显现出它的意义。在这个过程中，合作、多样性和流畅的信息流发挥着决定性的作用。

2001 年，在"9·11"恐怖袭击发生的前 5 个月，美国联邦航空局（FFA）收到了来自美国中情局、联邦调查局和美国国务院的 105 份报告。其中"奥萨玛·本·拉登"和"基地组织"等字眼共出现了 52 次。这些报告涉及各类机构和政府机关。但遗憾的是，它们未能被相互联系在一起，并从中得出有意义的结论。有一些线索在地方层面就被搁置了下来，而另一些则根本没有被传达。最终，尽管一些的信号早就存在，美国还是未能提前发觉恐怖袭击的危险，至少未能做出较为全面的了解。

## 数据洪流的管理

面对如今这样一个错综复杂、充满变化的工作环境，现有的管理知识与之并不相称，也不够一针见血。管理者作为个体，是无法完全掌控或理解一个错综复杂的体系的。与此同时，尽管我们在面对数据洪流时感觉"雾里看花"，但却一直有一种声音促使我们去做出决定。这时就必须考虑到如下几点：

**面对数据流所要注意的问题：**

▷ 刻意封锁信息会对体系产生不利影响，导致员工层面出现问题。

▷ 信息过量同样会对体系产生不利影响，导致员工层面出现问题。

▷ 做决定需要有关键信息。

▷ 训练您对市场、员工和发展的敏感度。

▷ 让员工参与到工作中，而不是给他们过量的数据。

▷ 与员工保持对话，了解他们的想法和关心的问题。

▷ 对于被证实的错误、选择性观察、主观想法和团体思维保持清醒的头脑。

在我们开始搜集更多的数据之前应该对选择、阐释和控制机制加以分析，学会发现关键性。

## 本章要点

▷ 我们正经受着数据洪流和信息匮乏的双重考验。

▷ 我们只能分析有限的数据，大量的信息是无用的。

▷ 筛选关键信息是大脑的强项。

▷ 微弱的信号是机遇和风险的征兆。

▷ 变化和危机总会有预兆。

# 陷阱 7
## 信任虽好，控制更优

他坐在会议桌的一头，这是属于他这个身份的位置，四周坐着他最信任的人。他的手放在桌面，目光扫视着全场，既尖锐又淡定。感受到他目光的人都不由自主地低下头，看向地面。他管理着许多员工，肩负重责，也是一个野心勃勃、敢于冒险的人。

　　他组建的管理层，既忠诚又有执行力，有点类似于警卫犬，聚精会神，时刻准备行动。而他本人则一直在那儿观察着整个团队。团队成员要完成他所布置的任务，这首先是一种道德上的要求，如服从、纪律和从属等。一旦略微偏离了他的规矩或出现了无心之失，就会立即得到毫不留情的惩罚。没有人能对他的指示提出异议，他也从不愿失去掌控权。

　　现在让我们转换一下场景：他的计划如今深陷混乱，一切都毫无头绪，担心和恐慌的情绪已经在团队中逐渐蔓延开来。一位管理层同事建议立即改变既定方案，把一切重新带回正轨。但他拒绝了。他希望能继续坚定不移地维持原计划，因此所有的警示和建议都被他在会议上一一否决。至于整个团队还能坚持多久，他给出的答案是："管理层能坚持多久，团队就能坚持多久。"他的野心不允许他改变原计划，浪费时间，无论付出怎样的代价。

就是这样，不管在逆境还是顺境，他都忠于自己的方式。管理层一旦有了自己的想法，就会引发他的不满。他会要求员工们必须遵守他的制度和规矩。当他终于感到陷入绝境时，所采取的策略无非还是重蹈覆辙。最后他不得不面对最糟糕的状况，离职的人员接二连三，直到整个团队都背弃了他。就这样，该来的总会来。布莱船长最终还是带着他的狗离开了邦蒂号。

对了，刚才说到的这个场景出自一部好莱坞电影（此处指1961年马龙·白兰度主演的美国电影《叛舰喋血记》——译者注）。影片讲述了一个发生在18世纪的故事。您可能会问："一部电影与我们今天的企业有什么关系？"其实，它们之间的联系远比我们想的要多。您或许也曾在各式各样的组织中遇见过"布莱船长"，只不过他们伪装得更好或在行动中更有策略一些。和邦蒂号的布莱船长一样，我们的团队、部门和企业的领导者也喜欢让一切尽在掌控之中。他们希望知悉一切、理解一切和决定一切。

但是，他们一定不像电影中的布莱船长那样暴戾无道吧？这当然很好。邦蒂号在遭遇一场暴风雨之后，就开始对晚餐进行特殊配给。而如今在我们的组织里，流行的是激励制度。比如一起烹饪、划船或参加一些引人注目的活动，这时的关键词是：胡萝卜。老实说，我从没见过有员工被鞭笞，或被堵住嘴，五花大绑在桅杆上。但是，我却见过这些折磨方式的现代演变版，比如当着整个团队的面训斥某人，或故意隐瞒信息，让他走入陷阱或排挤他。诸如此类的做法屡见不鲜，这时的关键词是：大棒。

独裁式管理可能是布莱船长领导方式最贴切的名称。时至今日，还会有人推广这种管理方式吗？据我所知，这种类型的课程根本不存在。"在培训三天后，您将学会如何进行专治管理，学到如何压制员工，确保独裁。"的确，这种类型的广告我从没看见过。如果去企业里问一问，哪一种是被员工推崇和需要的管理方式，"合作"和"参与"一定是最常听到的答案。没有管理者会说，自己管理员工就像"布莱船长"一样，而且觉得这种方式棒极了。尽管如此，如果仔细观察，微观管理、过多地控制、惩罚、不信任等情况仍然时有发生。所以，让我们再回过头来思考：既然没人希望这样，没人做这件事或对此负责，存在于我们组织之中的这种管理方式是如何产生的呢？这难道不是很可笑的事吗？

## 寻找英雄

在邦蒂号上，布莱船长不仅仅是一个独断专行的指挥官，同时也是邪恶的代表。他的对立面，弗莱切·克里斯坦是一个独具魅力、善良而富有正义感的人，是这个故事中的英雄。他在叛乱中发挥了绝对的领导作用，最后甚至亲自向军事法庭自首。因此，全体船员会无条件追随他，并全力以赴，忠诚又积极。一直以来，几乎每一个好故事都有一个英雄。以后也会是如此，因为这毕竟是我们心中所渴望的。

"我多想成为……"

自童年时代起，童话故事、卡通、电影、寓言和小说中的英雄形象就伴随着我们的成长。您童年和青少年时期的英雄是谁呢？彼得潘、超人、三个小问号、罗宾汉还是灵犬莱西？无论是谁，他都曾引领我们，带给我们安全感。英雄们传递了成为一个好人的可贵品质，给予我们明辨是非的能力，让我们思考自己是谁，要成为一个怎样的人。他们往往以拯救者的身份出现，勇于冒险，超越自我，总有办法解决问题，让不可能成为可能，也满足了我们对成功的渴望。所有英雄身上都有一个共同点，那就是他们都是成功者。

即便如今我们已然成年，却依旧在经济、政治和娱乐领域找寻着英雄。2009 年，哈里斯互动公司曾做过一项关于美国人心目中英雄的调查。结果显示，奥巴马跃居榜首，紧随其后的是耶稣和马丁·路德·金。奥普拉和比尔·盖茨分别位列第 20 位和 23 位。而上帝则跌出了前十名，仅排在第 11 位。受访者们还说明了他们心中英雄的标准，最常被提及的是下列 5 方面的品质或能力：

▷　富于正义感，不计较个人得失（89%）

▷　不达目的誓不罢休的精神（83%）

▷　超乎期待地完成任务（82%）

▷　能克服逆境（82%）

▷　在危机中也能保持冷静地头脑（81%）

或许您还能想到其他品质，又或许在上面提到的人里并没有您心目中的英雄，但毋庸置疑，您一定也有自己崇拜的对象。在公开场合，我们会接触到各式各样的英雄，无论男女（尽管女英雄相对更少一些）。爱德华·斯诺登被视为数字时代的英雄，史蒂夫·乔布斯是英雄和慈善家，季莫申科是西方世界的女英雄等。这些称呼都清楚地表明了，他们都是当今的英雄，也在为我们指引方向，满足我们对于成功的渴望，就和孩提时代一样。

无论是童话故事，还是每天的各类报道，这些呈现于我们面前的英雄形象的确有许多共通之处。英雄就像一只孤傲的狼，从一个不受重视的角色开始，坚持不懈地努力。人们担心他、佩服他、喜爱他，为他而庆祝，因为他为正义而战，而且几乎总能获胜。但最重要的一点是：英雄们似乎总能让一切尽在掌握之中，能控制各种状况、危机和混乱。那么，问题就来了："为什么在错综复杂的状况中不需要英雄呢？"

> ㊺ 英雄和许多管理者的共同点在于，喜欢全盘控制，且事无巨细。

## 一切尽在掌控？！

有时候我们会沉溺于自己的想象，认为我们能掌控客观上来说无法掌控之事。而与之密切相关的是，我们是否置身于一个错综复杂的环境之中。和其他积极正面的想象一样，这种幻想的确能激发我们的热情。1980 年，哈佛大学心理学教授艾伦·兰格就首先开始研究这种心理现象。她观察到，人们在买彩票时往往会对精心挑选的数字给予更高的期望，这种倾向在赌场上也表现得尤为显著。比如，当人们想要大点数时，就会用力摇骰子，反之就会较轻。一个人能够施加的影响力越大，做的决定越多，这种想象的程度也越深。那么，这种对控制的倾向源于何处？它的优点体现在哪些方面呢？

伊塞克·艾奇森用他的计划行为理论解释了这个问题。他认为，一个人需要相信自己拥有控制的可能性（控制信念 ⇨ 参见术语表）才能有所行动，否则他只会停留在计划层面。但主观感知到的控制力可能会与客观实际有所偏差，或相去甚远。对一个主题、问题或组织的了解越深入，就越笃信自己能对它加以掌控。

对控制力的想象促使我们行动，因为它赋予了我们安全感，没有它我们将会在很多状况下无所适从。这与我们对自我效能（⇨ 参见术语表）的判断密切相关。例如，通过自身行为对事物施加影响的程度如何，怎样进一步影响周边的环境？应该如何评价自己在其中的地位，又发挥着怎样的作用？其实最关键的，并非行为产生了多少客观影响，而是对自我效能的评判。

这一点在 1972 年格拉斯的城市噪音实验中得到了印证。被试者被分成了三组，需要完成的任务都是校对。在同等时间内，他们被安排在充斥着街道噪音的环境里。第一组的参与者能用按钮关掉噪声。第二组也能使用按钮，但是他们被告知尽可能不要使用。而第三组则没有任何按钮。实验最终需要比较哪组取得了最好的成绩，并分析原因。

结果显示，第三组的表现最弱。在这种情境下，被试者受干扰严重，无法掌控局面。而第一组和第二组表现相当，所有被试者都关闭了噪音。当然，他们不知道的是，第二组的按钮其实是没用的，但他们却自以为产生了作用。

自我效能（或自我预期）是自认为能够在具体情境中取得相应成绩的一种想法。这种感觉影响到我们的观察力、积极性和最后的成绩。人们常常会将自我效能和控制信念相提并论，但却混淆了这两个概念。控制信念是指自认为无论如何都能对事情进行掌控，而自我效能是自认为能够达成一种结果，但两者都会对我们的行为产生重大影响。

**控制、自我效能和行动：**

▷ 如果第一个人认为，因为没有好的销售策略，所以在下一季度提升销售额是不可能的，那么他将不会采取行动。（没有人提出好的销售策略，因此缺乏控制信念或自我效能。）

▷ 如果第二个人认为能够提升销售额，但是他没有任何销售策略，那么他也不会有所行动，但有可能会将任务指派给他人。（有控制信念，但缺乏自我效能。）

▷ 如果第三个人认为能够提升销售额，也有相应的销售策略，那么他会立即行动。（兼备控制信念和自我效能。）

▷ 如果第四个人认为，尽管有相应的销售策略，但还是无法提升销售额，那么他依然不会行动。（由于没有控制信念，因此没有自我效能。）

没有控制信念　　　　　　　没有自我效能

　　控制信念和自我效能是一个人笃信的想法，虽然有时是与现实毫无关联的幻想，但的确是我们行动的重要动力。我们在完成简单或复杂任务时可能会产生控制错误，在错综复杂的状况下亦然。这种错误往往打破了我们的希望，因为：

🔘 要掌控错综复杂的状况纯粹是幻想。

## 旧式英雄的时代已经过去

英雄们是孤傲的狼，毕生都在为理想和目标而奋斗，但如今却显得不合时宜。总能高瞻远瞩，做出正确选择的英雄们只存在于大银幕上，他并不能适应我们当今的组织、项目和计划。在错综复杂的情境下，领导者和管理者们更应该融入环境中，而不是发号施令。

你听说过吉恩·克兰兹吗？相信很多读者一定从电影《阿波罗 13 号》中知道了这个由艾德·哈里斯饰演的角色。克兰兹是美国国家航空航天局阿波罗计划的首席飞控主任。无论在现实还是电影中，他都是一位"现代英雄"，是阿波罗 13 号任务的拯救者，在返航中发挥了决定性的作用。与我们习惯的英雄形象相比，他并不那么引人注目。飞船的氧气罐爆炸后，克兰兹就开始带领大家寻找解决方案，确切地说是寻找各种解决方案，因为爆炸引发了大量的问题。克兰兹意识到了问题的严重性，更重要的是，他马上接受了现状。正如他将核心团队成员聚在一起时说的："现在忘掉所有的飞行计划，我们临时接受了新的任务。"

永不言败。

——吉恩·克兰兹

阿波罗任务提早结束已成定局，但随之而来的问题是："如何返航？"是掉头还是绕月球飞？克兰兹在专家讨论时听取不同的备选方案，然后决定哪些细节需要进一步研究，哪些分析必须进行，哪些专家要参与其中。他已经做好了在相关条件更改的情况下随时撤销行动的准备，也随时准备接纳新的想法和方案，不管它听上去是多么荒唐。无论是供电、氧气损耗、寻找解决方案还是用空气净化系统将飞船和登月舱相连，克兰兹总能凭借经验、直觉和信任等重要的决策手段应对这些重大问题。

> 我们如今所需要的英雄形象已发生了改变：
> 从孤傲的狼变成了"融入团队的发展助力者"。

有人可能会在此提出异议："阿波罗任务是一个关乎生死的任务啊。"的确如此，但这并不足以构成一个反对意见。那么，在人的生命不受威胁的日常情境中，我们又可以从这个例子中学到什么呢？对我们而言，总有一些因素是特别重要的，如在错综复杂的环境中取得成功的能力、在变化条件下的适应能力和在组织中的生存能力等。所以，我们可以将这个问题理解为："在复杂的情境下如何管理和领导？"

## 管理是调节，而非控制

1908 年，福特 Model T 车型投产。在接下来的一年中，它给整个市场和生产机制都带来了革命性的影响。亨利·福特希望借助此款车型实现他心中的梦想：让所有人都买得起车。在此之前，汽车生产是一项昂贵耗时的工作，所以他认为应加快生产进程，把价格降到人们可承受的范围内。

亨利·福特清楚，要实现他的目标，降低成本和改变生产进程势在必行。参照屠宰场的模式，他改革了生产线流程。这提升了速度，但还远远不够。于是他又聘用了弗雷德里克·泰勒（⇨ 参见术语表），他的研究重点是提升劳动效率。在分析生产过程及生产时间后，他首先建议根据能力和特点的不同将工作分派给工人。此外，还可以取消所有不必要的流程和人员。

福特采纳了泰勒的建议和基本管理理念，并开始不断改革生产流程。一些小的必备部件会运送到汽车处，而大的部件则原地不动。这一变化持续加速了生产进程，但福特并不满足于此。接下来，他在车间中拉了一条钢索，将生产中的车子悬挂于此，以减少整个流程的时间。在一系列优化生产流程的改革之后，福特终于建立了 T 型车流水线，生产一辆车的时间从 12 小时缩短至93 分钟。

"美国汽车"的销售价格不断下降，福特 T 型车成了许多人买得起的车型，福特公司的销售额也因此显著提升。1917 年，福特建立了世界上最大的汽车制造工厂，每天 10 万名流水线工人能生产 1 万辆 T 型车。当然，这段成功史也不是一帆风顺的。在相当长的一段时间内，福特都不再需要专业技术人员。生产过程被切分成了尽可能小的部分，即便是非技术工人也能完成。这时，管理决定了流水线的节奏，进而决定了人们的工作节奏，没有讨论和商量的余地，甚至工人去洗手间也要征得监控的许可。因为单调而高负荷的工作，许多工人只能在这里坚持几周的时间。

亨利·福特给出的解决方案就是薪水。他每天支付工人5美元，是其他企业的两倍。福特之所以这么做，当然不仅仅因为他是个好人或者他想留住工人，而是希望所有福特工人都有能力购买1辆T型车。他坚决反对工会，开除了想要加入工会的员工。他的人生信条是：多劳多得。所有的一切都必须隶属于福特这个系统下，人们必须要遵守他的规则。

从许多意义和角度而言，亨利·福特都是一位典型代表：美国梦、白手起家、梦想家、革新者以及控制型管理。他以目标为导向，对企业施加影响，决定所有参与者的行为。但这样做却使得反馈机制出现缺失或受到严重束缚。对福特而言，控制是一项重要的管理工具。工作时间、零部件、生产流程、工人、工会、休息甚至去洗手间都在控制范围之中，根本没给员工发表意见的空间，当然在福特看来，他并不需要这些。毕竟，管理的最终目标在于实现之前的分析结果，提升生产效率，使盈利最大化。

第一辆福特T型车生产于100多年前，但直至今天，控制、纪律、效率、可靠和精确却依旧是我们组织中管理的关键价值。

　福特式的管理思路还依然在许多人的头脑中根深蒂固。

这也解释了为什么效率的提升仍旧是许多管理的主要目标。如在下一年提升生产率，实现销售额的成倍增长等，似乎没有外界因素会对此产生影响。而我们如今面临的已经不是 1900 年的汽车市场，而是 21 世纪错综复杂而又充满变化的挑战，其中涉及的也不再是单一产品的线性生产，而是我们无法掌控或决定的因素之间的相互作用。过去的老方法已经无法解决新的问题，这也是我们所必须接受的差异。

## 调节复杂体系过程中会面临的挑战

本书第一章已经详细阐述了复杂体系的基本特征，在这里我会再次罗列要点，描述它们给管理过程带来的一些挑战。组织管理也由于这些挑战形成了不同的困难和任务。

### 非线性让预测变得不可能

亨利·福特可以将 T 型车的生产过程进行拆分，掌握和优化每个具体步骤，因为生产这种类型的汽车是复杂且线性的。而传统的拆分法在错综复杂的体系中却不再行得通。复杂的东西在经过拆分后依然是复杂的，每个管理者和领导者都必须面对这个事实并问一问自己"我是否能够或依然想要这样做呢"？

许多管理者凭借他们的专业知识平步青云，在"有序"的世界里如鱼得水。但他们更应该反思，如何去打破既有的专业化模式。不确定性往往源自不可预测性（比如预测，未来的世界会怎样），它对决策和员工管理模式产生了极大的影响。

### 关系网络和变化性

万事万物都是彼此联系的。对此，大多数人都深表认同。但对管理而言，这究竟意味着什么？是否意味着我们实际上根本什么也不能或不需要做？其实并不然。对关系网络而言，控制的意愿往往是一种极大的干扰因素。想要掌控一切的管理者或领导者人为地干扰了关系网络，扰乱了整个体系。比如，与隔壁的 X 部保持距离，故意不把一些信息告诉 Z 同事，或者不做 Y 领域的前期准备工作等，这些都属于对关系网络的人为干扰。

另外，未加思考而建立的联系同样会产生负面影响。当然这并不意味着毫无计划性地将尽可能多的因素联系在一起，而是指在意识到不可预测性的情况下依然尽可能地以目标为导向。同时，复杂体系具备一种自身固有的变化性，它不以管理的决策或刺激为转移，而是不断向前发展。关系网络带来了作用和反作用，这就迫使管理者采取行动，尽快做出决策。无所作为或决策太迟都会丧失人为调节的良机，让项目的发展全凭固有变化摆布。

### 关系网络和变化性导致了不透明性

让我们再想一想吉恩·克兰兹，美国国家航空航天局的首席飞控主任。他并不能完全了解和掌握飞船和登月舱上各种技术设备装置的相互作用，因为错综复杂的程度实在太高了。但尽管许多要点和信息缺失，克兰兹还是必须做出决策。复杂体系的一大特点就是不透明性，这就增加了决策的难度。由于它的变化性，我们不仅要考虑眼下的状况，也要考虑未来的发展，这就意味着我们要在许多不确定因素存在的状况下行动。

## 自组织不是构建的，而是自发形成的

我们往往会妨碍自组织的发展。许多身居管理要职的人都认为，是他们允许或推动了自组织的发展，但事实并不尽然。每一个复杂的体系，包括团队或部门等社会体系在内，都是以自组织的形式运转的。但它绝不等同于放任主义，更不是说管理者们从现在起就可以高枕无忧了。恰恰相反，自组织是以清晰的规则和过程为基础的。

无论是企业、部门、项目还是某个体系都有自身需要完成的任务，这就要求一个相应的模式，即通过管理进行经常性的评估，基于持续的反馈调整发展路线。只有在所有参与方都能够承担自身责任，相互作用关系准确发生，并形成最大的透明度时，自组织才能真正地"产生作用"。

## 反馈是"调节器"

体系所做出的回应就是反馈，它是区分控制和调节的重要标志。这种手段其实一直存在，只是我们没能充分意识到它的重要性。它是我们在复杂体系中所拥有的唯一一种调节机制。每一次行动和决策的结果都是下一次行动和决策的前提条件。那么，为什么我们常常不愿意去审视和倾听呢？

很简单，在复杂的计划中纳入反馈机制通常意味着修正决定和更改路线。如果反馈是积极的，则表示目前做的是正确的，应该继续下去。这是我们最希望听到的，因为这样我们就可以维持初次的决定。消极的反馈则意味着："有些部分进展差强人意，亟待改进。"这不是我们爱听的结果，它让我们感觉不舒服。而如果没有反馈就表示一切正常，可以继续这样进行下去。它实际上也是一种潜在的积极反馈，会导致我们继续推进当前的做法，不加以调节。如果开会有人迟到却没有加以管理，那么长此以往就会形成一条不成文的规定："迟到没事，在这儿可以为所欲为。"

> ❷ 消极反馈才是真正意义上的调节，并构成了管理工作的基础。

## 在不确定的状况下做决策

管理者和领导者的工作就是做出决策，恰恰此时他们会碰到任务和组织中的各种复杂性。在复杂情况下为人熟知的安全决策在这时已不再成立。我们常会扪心自问：我如何去解释我的决策？知识和可预测性都已不再是决策的基础，而试验—分析结果—做出反应的模式才更贴近复杂体系中的决策机制。

在有关陷阱 4 的章节中，我已经提到了试验法的一些要点，因此在这里我将提出一个新的问题，即如何能成功完成试验呢？答案是：借助集体直觉。它不是某个领导者或管理者的个人经验知识。我们总是从某个特定的情境中获取经验，一旦现实状况发生了变化，运用之前已有的经验不仅没有多大的意义，还很有可能导致决策失误。因此，我们需要来自体系和所有参与方的直觉。

由个体决策向集体直觉转变也符合阿什比定律：即用复杂的方案解决复杂的问题。

## 在不确定的状况下进行管理

毋庸置疑，员工需要管理者进行方向的引导，但这并不意味着员工们总是需要百分之百的确定性和明确的预估。获得导向的途径一方面来自项目和组织所倡导的愿景。这种愿景不应该只是目标的简单重复。诸如"销售额翻倍"或"在市场上成为 XY 的有力合作伙伴"等都不属于愿景，因为它与情感因素无关。愿景是一种情感共鸣，也是一种高要求，它能够帮助团队渡过难关，因为人们可以将符合自身情感的蓝图与任务相结合。

导向同时也来自于共同的价值观。它既不是华丽的辞藻，也不是市场部张贴在走廊上乏人问津的标语，而是反映在行动和交际中真正有生命力的价值观。基本价值观构成了所有参与方在系统中行动的坚实基础。它让控制变得不再有必要，因为行为都是由价值观所决定的。在这一框架内，人们可以进行试验，也可以在失败后对某种方式加以摒弃。但无论如何，这时混乱可以被控制在一定的范围内，因为基本的导向早已确立。

想要理解，先要行动。

——海因茨·冯·福尔斯特[1]

---

1　Heiz von Foerst（1911—2009），奥地利裔美籍科学家。

## 管理是理解和评估

当今世界，复杂性正在日益深化。为了确保未来能成功地进行组织管理，管理模式也应随之持续发生变化。那么，管理层的具体任务究竟是什么？如果想在这里读到"管理的 12 条黄金法则"的话，那么您恐怕要失望了。因为没有什么所谓的秘诀、最佳方案和成功捷径，您自己就是大展拳脚的"主厨"，具备创作力和适应力，能在不同的情境下灵活变通。拥有经验，也知道如何恰当运用经验。不抱怨当前的状况，充分利用自己能支配的条件。这时，您不是复杂性的牺牲者，而是主人。

> ⚙ 问题不是"如何去管理一个复杂的组织？"，
> 而是"如何在一个复杂的组织中进行管理？"。

和员工一样，管理者和领导者也是体系的一部分，一个孤立在外或高高在上的"管理部门"是不存在的。因此，过去那种全面了解、一览全局和完全控制的管理方式已经过时，人们对于管理的刻板印象亟须更新换代，而管理层的任务也将随之改变：成为体系的理解者和评估者。

**体系的理解者和评估者能够：**

▷ 经受住复杂性的考验。

▷ 发现关联及其模式。

▷ 利用自己的知识促进发展，形成共鸣。

▷ 对体系行为进行评估，将反馈作为调节器。

▷ 为关系网络的发展留出相应的框架和空间。

▷ 善于运用集体直觉和智慧。

## 本章要点

▷ 控制是自我行动的重要动力。

▷ 错综复杂的状况是无法控制的。

▷ 人人都想成为英雄，但"旧式英雄"已经过时。

▷ 复杂性可以调节，但无法控制。

▷ 复杂性是我们当前面临的挑战。

▷ 管理者和领导者的主要任务是理解和评估。

陷阱 8

## 竞争带来活力

我常会在看电视时不停转换频道，久而久之，就从这些天天在客厅里上演的游戏秀、真人秀、竞技秀和纪录片秀里发现了其中的一些门道。我看到了体型较胖的普通人坐在稻草球中，练习快速滚过障碍物跑道。我看到了许多名人，各自在锁住的房间中互相比拼。当然我也看到了名人和普通人组成的混合团队参与知识竞猜或体力游戏。

最后，我们当然还不能忘记两个不可思议的人物，他们在穿越地球的过程中必须经受一系列残酷又相当疯狂的挑战。所有这一系列节目都有一个共通点，它们都与竞争有关。比如减肥速度比较快，减重数比较多，坚持得更久，知道得更多，跳得更高，下降距离更大等。对此我们喜闻乐见，不是吗？

"竞争带来活力"，这是一句至理名言。的确，有很多参赛者会因为不想取得最后一名而减肥更多或坚持更久。因此也有参赛者被安排在安静的房间，在缺乏动力的状况下进行比较。当然，人们能期待借此突破极限。那么问题就来了，这里打破的到底是成绩的局限，还是好的审美品位？为什么要这样做？其价值何在？

在上述所有的竞争中有一个重要因素缺失了——即市场。这种竞争无益于公众，在节目播放期间也不能改变任何现状，它们仅仅被用于实现个人目的。对此您可能会持不同观点，认为："没关系啊，它只不过是体育竞争，又不是市场经济领域的。"这种看法很有说服力，但依然还存在一个问题。我们会将这种竞争思维原原本本地转嫁到我们的组织中，认为竞争会带来更多的成绩、想法和革新。

许多管理者都极其信奉这个理念，相信"内部竞争"可以激发员工创意，不断提高业绩。这在销售部门表现得尤为明显。人们常会认为，销售员或销售主管，尤其是"金牌销售"等出类拔萃的人对竞争往往有着浓厚的兴趣。

就像我们常在节目里看到的，为了保持竞争的"公平公正"性，通常会采用打分制。只不过在工作中，我们不把它叫做"分数"，也没有人会说："让我们来看看现在的比分"。它在工作领域被称为绩效考核（KPI），而这种形式则被叫作"激励系统"。这是一种以业绩为导向的薪资方式，基于最低目标的达成。而这也是游戏和销售类节目的基础。但又有人会质疑：这样的比较是否太过牵强附会了？人们自然能够分清电视节目和现实。

即便如此，我们依然可以去比较随后的行为和机制。目的明确的竞争促使人们在各自的领域"做到最好"。比如销售员工会努力卖出商品，争取最高的提成。他们会小心保护客户信息，在传达信息时也有所保留，尽可能提高 KPI 逐渐成了主要目标。但很多人却忽视了，达到一定数值并不意味着实现了公司目标。许多人对所谓的竖井心理和彼此之间的竞争趋之若鹜。体系是自组织式的，当竞争成了"约束条件"，人们可会相应调整自己的行为，纷纷投身其中。这对于组织本身以及更高的目标是有害的，长此以往在组织中就形成了一种错误的趋势。

　　竞争能带来活力，至少在市场环境缺乏的情况下的确如此。但长远看来，它并不利于创意和创新的发展，最后得到的结果可能也只是竞争而已。在观看电视综艺秀时，您是否想过，如果参赛者用合作取代竞争会有怎样的效果？对于现实生活，尤其对于错综复杂的环境而言，这一点尤为重要。

## 竞争是与生俱来的吗？

　　竞争似乎无所不在，就好像我们每天都在与他人比赛。停车时，想要离出口更近的位置；在食堂排队时，想要靠前的位置；开会时，不希望其他部门的同事有更长的发言时间；认为新同事不应该拿更高的薪水等。它随处可见，但它首先存在于我们的观念之中。另一个普遍的观点是：至少在自然界和市场经济这两个领域中，竞争是不可或缺的。因为市场的存在，"市场经济"这个名称本身已经透露出了其竞争的本质，但我们也常常在非市场领域强调竞争。问题是，我们为什么要这样做呢？除此之外，是否还有别的方式？

⚫ 长时间的同类竞争势必会导致一方的失败，
因为胜者只是少数。

现在让我们回到必要竞争的典范——自然界。无论在物种内还是物种之间都存在着竞争，有的关乎食物，有的则关乎繁衍。后者对于物种的延续有着重要的意义，也是合乎自然规律的。比如当狗在树木、长凳和石头的周围撒尿时，它是用这种方式在宣誓领地"主权"，宣告这个区域内所有的食物和母狗都属于它。

这种对领地"主权"的维护方式在企业中也屡见不鲜，在管理层中有时表现得尤为明显。比如办公室的规模和布置、配备的公车以及开会时对位置的要求等。一般管理者的位置总是特别大，他会把各种各样的东西放在周围的椅子上，给自己留一个非常宽敞的空间。在他这样做的同时，也就自然画出了他的领域。但在这里，竞争的意义何在？虽然并非毫无可能，但工作场合中的竞争几乎很少是为了食物和繁衍的，更多的是为了获得认可、权力、职位、金钱、事业和地位等。而有时候，人们竞争的是"谁的压力最大"，这就显得颇为荒谬了。每个竞争者都相互吹嘘自己工作量最多，时间最长，加班最久。

这种竞争势必无法带来革新、创意和效率，它最多只能把每个人都变成一棵"胡桃树"。为什么这样说呢？因为这种树木的叶子有毒，毒素可以到达根部，影响到其他物种的生长，排挤周边的"竞争者"。长此以往，唯一能在胡桃树周边生长的就只剩下荨麻草了。

⊛ 人生就是一场竞争的想法在我们的脑中根深
蒂固。

　　我们将它奉为至理名言，坚信其他人也会这样想。所以有时
我们提到《创智赢家》栏目，或将招聘比作一场长跑比赛，都不
是毫无缘由的。

　　竞争是与生俱来的吗？是的，但它并不是我们所能选择的唯
一策略。尽管如此，我们依然对此深信不疑。日常生活中，竞争
的例子屡见不鲜，这似乎让我们很难逃离竞争观念的牢笼。但是，
自然却恰恰在这里给我们展示了一个有关合作的最佳案例，它不
仅对集体，也对每一个个体产生了积极的作用。那么，在错综复
杂的情境中，合作和竞争的意义又何在呢？

## 竞争还是合作？

　　下面这个场景相信您一定不陌生。作为一名主管，您遇到了
无法解决或估计的问题，于是便指派两名最得意的员工寻找解决
方案。他们要独立展开工作，汇报自己认为最棒的想法。但这种
任务分配方式的言下之意是，两名员工之间要互相竞争，调动最
大的热情，倾其全力，找到最优解决方案。

　　如果这个情况发生在一个相互信赖、开诚布公的环境中，那
么它一定能发挥作用。但事实上，大部分情况下两者对他们之间
的竞争并不知情，或是把个人目标和动机与之相关联，这就大大

降低了竞争的促进作用。而在错综复杂的情境中，这种做法也有很大的弊端。它造成竖井心理和利己主义的交际行为，对掌控错综复杂的状况十分不利。其实，复杂性已经超出了个体的认知能力范畴，所以专家也无法对任务和问题进行透彻分析，唯有依靠集体的智慧。

> 复杂性意味着关系网络的多样性。随着关系网络的增加，复杂性也随之提升，而非只有单纯的线性关系。

让我们再回忆一下阿什比定律的核心思想：用复杂的方案解决复杂的问题。针对竖井心理和残酷竞争的心态，我们需要提出解决方案，即实现至少与竞争同等程度的合作。

## 合作意味着信任

工会与企业谈判，这已经是相当司空见惯的事了。2014年起，汉莎航空和飞行员工会 Cockpit 就 5400 名飞行员的过渡期养老金问题展开了谈判。此前，飞行员最早的退休年龄为 55 岁，实际退休年龄为 59 岁。汉莎航空对此表示无法接受，并希望能将最早退休年龄定为 61 岁。数月以来两方相持不下，期间飞行员还进行了罢工。汉莎航空发言人宣称，工会在谈判进行前就已经有了罢工计划。

而 Cockpit 方面公开回应，指责这样的揣测非常厚颜无耻。他们认为汉莎航空想以牺牲员工利益为代价实现利润的提升。他们正就下一轮谈判到来前是否提起劳动诉讼征求工会成员的意见，考虑是否进行进一步对话，还是立即展开第二次罢工。总的来看，这些其实都是谈判双方的立场，即便不深究细节，这场争论中所缺失的部分已经显而易见，那就是信任。双方互不信任的结果就是形成了相互对峙的立场，用威胁的手段而非以理服人。在这种情况下要达成合作是相当困难的，最后往往以草草"停战"或勉强妥协告终，必有一方终将成为失败者。

汉莎公司飞行员罢工事件只是众多由于不信任或缺乏信任导致协商失败的案例之一。没有信任，就没有合作。缺乏合作，形成的只是争端而非解决方案。那么，人们要怎样做才能达成一个合作型的解决方案？在这样的争论中保持强硬态度，不是理所应当的吗？如何做才能实现双赢？实现合作和信任需要哪些因素？

在科学家罗伯特·阿克塞尔罗德和保罗·扎克出乎意料的实验研究结果中，我们找到了答案。

## 你怎么对我，我就怎么对你

阿克塞尔罗德在 2009 年的著作《合作的进化》中提出了著名的针锋相对策略（⇨ 参见术语表）。他在书中也描述了，如何在短期看来利己行为更为正确的状况下实现合作。这种想法和模式的出发点正是博弈论的重要组成部分——囚徒困境。这是一场零和游戏，参与双方互不能见，更无法相互交流。在经典模式中，两位参与者都是银行抢劫犯，之后被逮捕。证明他们有抢劫罪的证据不足，但由于非法持枪，两人都将面临三年的监禁。

检察官给他们提供了如下减刑条件。他说："因为非法持枪，所以你必将面临法律的判决，这意味着至少三年的牢狱之灾，但也并非没有回旋的余地。如果你坦白，我们就放了你，但你的同伙将被判刑十年。如果你保持沉默，但你的同伙坦白了，那么结果就截然相反了。你的同伙将获得自由，而你则会被判十年。如果你们两人都坦白，两人都会被判五年。"基于这个情境，两位嫌疑犯有如下不同的选择方案：

|  | 嫌疑犯 B 沉默 | 嫌疑犯 B 坦白 |
|---|---|---|
| 嫌疑犯 A 沉默 | 两人都判三年 | B 释放，A 判刑十年 |
| 嫌疑犯 A 坦白 | A 释放，B 判刑十年 | 两人都判刑五年 |

两人都有充分的理由去坦白，舍弃自己的同伙，因为自由当然比三年监禁要好。但前提条件是，同伙必须要忠实地保持沉默。而即便同伙没有选择沉默，五年监禁也要好于十年。博弈论中把这种行为称为"背叛策略"。只有当双方都选择沉默，才能实现双赢，这意味着他们必须彼此合作，而此时信任的重要性又得以突显。如果两人是为了抢劫银行而联手，之后互不相干的话，那么背叛策略无疑是"最理智"的一种选择，也是争取个人利益最大化的一种尝试。

> ◎ 竞争的双方越陌生，他们为彼此考虑的可能性就越低。

在乘坐交通工具或争一处最好的停车位时，我们常可以看到这样的情况。但是，一个彼此联系的（工作）环境也会对我们的选择施加着影响。

那么，您的组织是怎样的呢？它的框架条件是鼓励合作还是竞争？

| | 是 | 否 |
|---|---|---|
| 尊重是跨部门合作的基础。 | | |
| 各个团队之间密切联系。 | | |
| 团队间能相互协调配合。 | | |
| 欢迎并能积极展开信息交流和联系。 | | |
| 能事先给予信任。 | | |
| 合作开展卓有成绩（表现为声望、时间等）。 | | |
| 竞争是不受欢迎的。 | | |

如果您大多数的选择都是"是"，那么您所在的组织已经走上发展合作的良性道路。

在囚徒困境的不同选择方案中，有一种方案适用于一次性见面。如在超市前争夺最佳停车位或从火车上下车时，没有理由设身处地替别人考虑，因为我们不会再见到这些人，所以可以心安理得地争取自己的利益。但阿克塞尔罗德的研究是以在一个团体中生活共事，经常遇见的人为基础的。如果我们每天坐同一班车遇见同一群人，事情会有怎样的变化呢？哪种才是最佳策略？合作和背叛策略之间的转变又是怎样的？

"你怎么对我，我就怎么对你！"

　　在反复对囚徒困境进行研究后阿克塞尔罗德找到了答案。在研究中，他将困境简化成电脑程序，邀请不同的专家为囚徒拟定策略，让两个囚徒展开竞争。许多数学、信息和心理专家都应邀提交了不同的策略。最后，有一种策略被确定为最佳，即"以牙还牙策略"。这个由阿纳托尔·拉波波特开发的"以其人之道，还治其人之身"的策略遵循的是一种简单的模式。囚徒一开始先选择合作，然后采取对手前一回合所选择的策略。当其他"理性"策略在长时间运用后逐渐导向共损局面时，以牙还牙策略的表现不仅优于其他，还推动了良好合作的形成。

阿克塞尔罗德得出结论：从中长期来看，在受竞争影响的环境中，以牙还牙策略才是一种稳定的策略。但与此同时，我们也看到了其中的限制。在现实生活中采取行动的是人而非电脑程序，所以以牙还牙策略容易出现问题。如果一个人出现了失误，选择了背叛而非合作，根据拉波波特的理论，对方的下一步也会选择背叛，如果两个人采取的都是以牙还牙策略，这种相互背叛的情况就会无止境地循环下去。对于现实生活而言，"两报还一报"的方式或许更为适合。只有当对方出现了两次背叛行为后，人们才会用背叛的方式去回应对方。这种策略原谅了偶尔的失误，留出了更多的余地。

我们的机构处于混乱状况时，选择怎样的策略取决于许多因素和当下情境。

　　⊕ 但有一点是毋庸置疑的：合作的前提是信任。

如果信任缺失，人们很可能就会选择一种利己的方式。或许您会想，如果有一种能够调控信任的机制就好了。那么我告诉您，它的确存在。

## 无催产素不信任

"是否有一种因子在影响着我们的道德感？"美国精神学家保罗·扎克就深入研究了这个问题。他给出的回答是："的确有这样一种因子，它叫作催产素。"催产素产生于我们的血液和大脑中，但只有少量分布。此外受周围温度的影响，它的半衰期只有三分钟。保罗·扎克在确认催产素是控制道德感的重要因子后，就着手进行了一系列研究。

可信度是第一项研究的主题。他邀请许多人来到他的实验室，并在实验前后对他们体内的催产素值进行测量。所有人都拥有 10 美元，他们可以选择将其中一部分或全部的钱交给另一名完全不认识的参与者，也可以选择不把钱交给他，但所转交的钱会增值三倍。参与者之间既不能看见彼此，也不能相互交谈，但他们可以自行决定保留或返还的金额。每个人都要判断，被转赠的那个人会返还一部分钱还是会独吞。如果不信任彼此，那么最好的选择就是自己保留那 10 美元。实验显示，收到或转赠的金额越多，催产素的值就越高。

此项实验在世界上曾多次进行，并得出了一致的结论：如果在第一次金钱转移中缺乏信任，参与者在第二次中的可信度就会下降。然而保罗·扎克并不满足于此，他还测量了与催产素相关的其他因子，并试图探寻它们影响大脑的可能性。最终，他利用吸入装置找到了新的方法。测试小组的 200 多人都吸入了催产素或安慰剂，在这种情况下实验再次进行。吸入催产素的参与者给出的是之前的两倍，乃至全部的金额。扎克因此得出结论，催产素提升了对他人的信任感，以及我们的共情力。

该结论的言下之意是，人不仅有合作的能力，相比竞争而言，人们更倾向于合作，至少在测量到催产素存在的情况下是如此。而与之相对立的是，压力抑制了催产素的刺激，降低了共情力。在压力之下，人们会倾向于不信任或小心行事。所以我们也应该思考，在一个混乱的情境中面对巨大压力时，简单地"命令"员工进行合作是否合适。因为这会让他们感到困难，而他们也需要一个强有力的支持。在类似于汉莎航空和飞行员工会 Cockpit 这类棘手且有些进退两难的协商中，装备催产素吸入装置的做法或许值得一试。

**如何在员工中建立并获得信任：**

▷ 践行您的主张。

▷ 信守承诺，说到做到。如果做不到，就让大家知道。

▷ 事先给予信任。

▷ 作为管理者或领导者应给予员工足够的信任，合作始于您自己。

▷ 做出表率。

▷ 请注意，在您与其他部门、同事、领域和企业接触的过程中，员工也在观察着您的可信度。

▷ 实现信息透明。

▷ 及早给予员工全面和尽可能详细的信息，对尚未决定的情况亦然。如果不这样做，每个人就都会有自己的猜测。

▷ 坚持事实。

▷ 请保持诚实。

▷ 值得信赖。

▷ 不要用双重道德或标准来要求自己和员工。员工需要知
  道，您会在哪些方面支持他们。

▷ 开诚布公。

▷ 分享您的想法和情感，平等相待。

▷ 彰显才能。

▷ 能力能为您取得信任，请充分利用好这一点。

▷ 愿意并能够倾听。

▷ 重视并关注员工的利益和想法。

## 合作必须有价值地进行

　　竞争之于合作就如同利己主义之于自我奉献？我们就只需要
其中的一个，而不需要另一个？绝非如此。竞争从不意味着自私
地获取利益，合作也从不意味着所有人都相亲相爱。事实正好处
于两者之间。对于复杂组织的领导者和管理者而言，认识到竞争
绝非成功的必经之路是相当重要的。竞争并不意味着为了提升产
量就要将两个流程进行线性比较。它更多地意味着为错综复杂的
问题找到新的想法和解决方案。在日常生活中，许多人看到更多
的是权力斗争、资源竞争、通过封锁信息获取利益和许多其他的
竞争手段。的确，不少组织如今还处于进退两难的境地，竞争常
被奖励，反之合作却不能获得明确的认可。而这恰巧就是我们必
须要改变的地方。

不应责备失败，而应指责那些不寻求或不提供帮助的行为。

——乐高 CEO 纳斯托普

莫里厄和托曼在他们 2014 年的书《六条简单规则：如何应对复杂而不被其所困》中以一家铁路公司为例描述了这种状况。火车准点到达是该公司成功的一个决定性因素，但在过去几年中，准点率明显下降，仅为 80%。这让管理层无法接受，于是便开始推进各类改进项目，如更新交通管理系统，优化清洁流程，建立晚点监督部门等。所有的举措都略有成效，但很快就被摒弃了，因为它们并未带来大的成功。这是一个典型的试错法，人们希望通过这种途径去简化、严密、推进或控制现有的状况。

莫里厄和他的同事们建议相关管理者在全体员工中提升合作，而非责任到人，在完善过程中投入更多资源。但这个方案却在实践过程中引发了巨大的不满。一位负责设备保养和清洁的员工说：“目前合作真的不是我们的问题。如果所有人都做好自己的工作，就能实现准点。我只负责保持火车清洁，让火车在保养后准点到达。”

诸如此类的观点体现出了组织中根深蒂固的竖井心理和行为。由于从未涉足自身领域之外，员工们对本职工作所能够产生的影响一无所知，他们的思维也仅限于自己的领域之中。火车司机、设备保养人员、清洁人员、乘务员和站点员工等在工作内容和时间等必要方面毫无交流。如果某个环节需要比预期更长的时间，其他部门将不会得到通知或提醒。

而一旦危机来袭，情况就会迅速发生改变。比如在极端天气条件下，所有部门将会立即启动便捷联络和快速反馈渠道，共同寻求解决方案。但人们却觉得在正常情况下，这样操作是没有必要的。莫里厄认为，管理的一大任务在于鼓励和推进员工之间的合作。在寻找这个推动因素的过程中，他们发现各部门领导的实际目标并不是确保火车准点，而是确保不出错。没有人想要成为晚点的过错方，陷入为此负责的尴尬境地。甚至在改进项目中，这一点也被明确提及。晚点发生时，新的交通管理系统能显示哪个部门出现了问题。当然，根据归因原则，该部门就要为此承担相关责任。

> 👓 没人想成为过错方，所以没人愿意表现出自己的错误，承认自己的工作延误，或是向他人求援。每个部门都尝试独立解决问题，这就进一步强化了竖井心理。

在深思熟虑之后，铁路公司的管理层决定采取一种极端措施：今后凡是没有参与合作的部门，都将"被视为是有责任的"。这就意味着，当 A 部门遇到了问题或需要更长时间时，便向 B 部门寻求帮助。如果 B 没有配合，它就要对晚点负责。抛开归因原则，这里采用了合作原则。如果 A 部门没有寻求或配合帮助，它自己就要承担责任。这时的问题不再是："是哪个部门导致了晚点？"而是"哪个部门没有配合解决问题？"这种方案听起来似乎是一种硬性规定的合作，也适用于实际情况，但它会不会因此遭到员工们的反对呢？实际情况恰恰相反。方案中最大的改变莫过于寻求其他部门的帮助，而这种基于互帮互助的合作手段很快就被接受和推行。

当然，要改变竖井心理任重道远。也有一些员工，他们一开始在心理上就对新措施持排斥态度，改变做法只是迫于压力，最终还是需要摒弃内心固有的驾轻就熟的模式。内心想法的改变不是一蹴而就的，而是一个长期的过程。但从这个案例中我们可以清楚地看到，在复杂问题中，合作比竞争和小团体思维更能解决问题。而在复杂体系中，合作是十分有必要的。

在所有大客流量线路中大力推广这项改革的四个月后，准点率达到了95%。而此前员工所有的不满也变成了彻底的支持，他们主要列举了三个理由：

▷ 客户沟通得到了明显改进，对延误情况能够给予专业的答复。

▷ 增进了员工间的跨部门沟通，管理者发挥出了部门间的纽带作用，将员工联系在一起。

▷ 员工们都为打破准点率纪录而骄傲。

> 想要走得快，就一个人走。想要走得远，就一起走。
>
> ——印第安谚语

火车公司所选择的方案首先体现出了透明性的重要性。公司要求合作，所以个体自身的错误、不足和不确定性都被透明化了。而在其中尤为重要的是，不要将它们与判定过错和惩罚自动关联起来。在此，信任以及对错误的恰当处理方式是两个必要的前提条件。最后我们会发现，在关乎合作时，我们谈论的其实并非过程，而是态度和看法。要改变它一定会花费比改变行为方式更多的时间。

> 您是所有员工行为的导向，践行您自己提出的要求，给员工充分的时间，让他们积累新的合作经验，接受保留意见和反对的声音。

改变总是意味着克服惯性，这需要力量和时间，尤其当您处在一个充斥着竞争的环境中。相比之下，在过程、结构和目标领域阻止开展合作就显得容易多了。

**如何成功阻止开展合作：**

▷ 将您团队中的员工视为独立的个体，防止团队认同感的形成。

▷ 在团队中确立许多不同的目标。

▷ 创建一种激励机制，让员工集中精力追逐个人目标。

▷ 在描述责任时尽可能模糊，同时把它分配给不同的员工。

▷ 在涉及任务、资源和可支配时间等方面不要划出明确的界限。

▷ 鼓励争夺资源。

▷ 让您的员工与组织的其他部门保持距离。

▷ 公开追究相关责任人并加以惩罚。

▷ 阻止讨论和交流意见。

▷ 一人决定所有事。

## 本章要点

▷ 竞争只会有两种结果——赢家和输家。

▷ 市场中的竞争是有意义的。

▷ 竞争不是进化，而是排挤的过程。

▷ 错综复杂的体系是相互联系的，不存在一个孤立的空间。

▷ 合作是关系网络的基础。

▷ 合作需要信任、透明性和讨论。

# 陷阱 9
## 必须有人发号施令

您是希腊首字母阿尔法，还是尾字母欧米伽？在家庭、组织或协会等存在等级的环境中，您的地位如何？其实，等级无所不在。在大多数人眼里，它不仅是司空见惯的，也是十分有必要的。有一个人"在上面"发号施令是理所当然的事。等级化的思维让我们的组织形成了等级秩序，这样人们马上就可以知道什么样的人会带来什么样的价值。在进行决策时，上级必然大过下级，下级被要求服从。这就可以理解，为什么老板和董事的办公室总在大楼的高层。

　　我们认为等级秩序很重要，它无所不在。所以，即便管理学文献和讨论课程中充斥着各种对管理者的荒唐比喻和比较，我们也丝毫不以为奇。

　　最常见的比较源于动物界。大部分的动物都以等级森严的群居方式生活，就像人一样。为什么要将我们与羊、狼或驴进行比较呢？很显然，当一个人被比喻成狼的时候，他一定会感到受宠若惊。因为狼代表着力量、毅力和灵巧。但您是否知道，狼其实是群居动物？它们彼此之间相当亲密，互帮互助，不会为了等级地位而互相争斗。只有在被囚禁时，它们才会在群体中为了地位而相争，但您应该不愿意把自己和组织之间想象成为囚禁关系吧。

想到狼，我们总会把食物链顶端的动物和居于高位的领导者联系在一起。反之，鸡则会让我们联想到底层下级，并被归为"顺从自然等级"的典型代表。但是，如果把一群鸡隔离在禁猎区，不久它们就会开始通过相互啄击对方的方式决出胜负，进而决定群体内的等级顺序。和人们选择副手一样，鸡群中也有"第二把交椅"，它掌管着除了领头鸡之外的所有鸡。人们总喜欢简单明了，那就让我们用这种方式来说一说性格吧：牛、狮子、猫和鹿，您找到自己属于哪一类吗了？我来翻译一下吧，它们分别代表：冷漠、乐观、易怒和多愁善感。这样说您就可以理解了吧？现在再让我们回到等级这个问题上来。

多年来我在团队拓展中都用到了马群，参与者首先要观察马群的表现。我的第一个问题通常会是："您认为谁是领头马？"回答通常大同小异，在这里简单归纳一下："是后面那匹白色/棕色/彩色的马，因为它总在对其他的马发号施令。"

这个答案又反映出了我们对团队运转根深蒂固的印象。一人指挥，其他人执行，等级就这样存在着。事实上，如果我们把马群的运作理念运用到自己的组织中，一定会大吃一惊。马群中实施的是"母权制"，领头的是一匹母马，它决定何时觅食、休憩、散步和逃跑。虽然外表并不显眼，但它却拥有权力，能统揽全局，比如防止年轻气盛的马肆无忌惮地胡闹，决定马匹之间的相处氛围。

而马群中的种马常会让我们联想起小说《黑骏马》的主人公。在逃跑时，它会负责让落后的马匹加速，确保马群的完整性。马群保持着一种良好的运转秩序，它们诚实、心无偏见、不斤斤计较，总是全体在一起，因此能实现几近"360 度全视角管理"。如果能把这种模式运用到我们的组织中，我会感到非常高兴。

不仅只有马、鸡和狼能够解决复杂的问题，其他动物亦然。比如蜂群采集花粉的路线解决了广为人知的"旅行商问题（TSM）"。它们自身的导航系统能帮助它们快速找到最短路径。而巴西火蚁遇到的问题与此截然不同，它们经常会遭遇洪水的袭击。但没有关系，它们会用下颚和足部紧紧钩住彼此，在水中形成一个浮筏。这样的动物还有很多，有趣的是在这些令人惊奇的故事中蜜蜂或蚂蚁"公司"的组织形式。它们似乎并不关注等级这件事。

无论是蚂蚁、牛、狼还是鹿，我们通过对动物的观察在脑中构建自己的组织结构图。它等级分明，秩序清晰。但遗憾的是我们没有意识到，等级并不是构建组织的唯一形式。

## 等级——是铁器风暴还是神圣统治？

自统治诞生，就有了等级。6000 年前游牧时期结束，人们便开始控制财产，这就是走向等级秩序的第一步。人们用篱笆圈起牧群，拒绝其他人进入，必要时还会采用武力保护自己的"领地"。据说"等级"（Hierarchie）一词最初的意义就与保护财产有关，意为"铁器风暴"。"等级"还更多地被解释为"神圣的统治"，它源于古希腊语中的 hierós（神圣）和 arché（初始）这两个词。实际上后一种解释很可能源于第一种解释。

等级普遍存在于群体生活或工作的地方。古埃及阶级社会体制中法老拥有至高无上的权力，决定政治走向，宣称整个国家都是他的财产。在他之下是维齐尔（级别最高的大臣）和大祭司。接下来是抄写员和级别较低的行政官员。在天主教中，教皇作为"圣父"居于等级制度的最顶端，然后是各类神职人员，从上到下依次是：红衣主教、主教、教区主教、神父和教士等。

在德国联邦国防军中，我们也会提到士兵的军衔。根据服役级别的提升，他们可以不断获得晋升的机会。在许多等级类型中，我们都发现了一种金字塔式的结构。无论是绝对主义体制、贵族专制、专制主义体制、君主制还是许多其他不同的统治类型，有一点是相通的，即其中都有权力的上下高低之分。即便在提到家庭的时候，一些人脑海中的反应还是一种等级化的模式：父亲、母亲和孩子。

我们也习惯于组织中的等级化的结构。在实现企业目标的过程中，每个人分配到了与自己等级相匹配的工作，这同样让人觉得它合情合理。想要了解一个组织，就先大致浏览一下目前的组织结构图。它会告诉我们这是怎样的一个组织，在做什么，如何运转。最起码我们是这样认为的。所有这些都属于内化于我们思想之中的传统理念。当然，传统理念还有许多其他表现形式，将我们囿于这个模式中，不假思索地接纳一切。

**固化等级思想的理念：**

▷ 随着企业的发展，金字塔型结构是不可避免的。

▷ 在等级制度中冲突较少，或能得到更快的解决。

▷ 金字塔型结构是快速决策的有力支持。

▷ 没有等级制度就无法进行决策。

▷ 等级制度提升效率。

▷ 等级制度让信息流变得可控。

▷ 任务和角色的标准化是有必要的。等级制度是实现它的最好方式。

▷ 人们需要清楚分明的任务和职责分配。

▷ 等级制度的缺失意味着混乱。

支持等级制度的理由可能还有很多。我们觉得，出于某种原因选择等级制度的组织形式不仅是有意义的，而且是势在必行的。当然，我所接触到的不少管理者并非一定对等级制度持理所当然的态度，但在充满复杂性和变化性的环境中，他们想不出更好的方式。在我详细介绍新的方式之前，我建议您可以反思一下现有的等级结构理念，无论是个人的，还是与组织相关的。在管理团队和自我反思时，如下问题可以帮助您克服那些过时教条所带来的消极影响。

**反思固有理念：**

1. 我们的哪些理念对团队和组织中的所有人都有效？

2. 从积极的方面而言，这些理念要达成哪些目标？

3. 我们有没有关注它是否已经达成了预期的目标？

4. 哪些理念取得了良好的效果？

5. 我们希望吸收哪些还没有的理念？

6. 要符合这些理念的要求，我们应该怎么想，怎么做？

## 或多或少——固化的等级制度已经过时

20 世纪初，弗雷德里克·泰勒用科学管理理论揭开了等级控制的成功史。他希望借由一种科学的方式优化工作和企业管理，同时实现雇主和雇员的共同富裕。科学管理的基本理念如下：应当激励那些有偷懒倾向的工人完成更多的工作。一旦工人的生产效率提升，企业盈利会随之增加，而工人工资收入也将得到相应提高。

**科学管理的基本思想：**

▷ 严格区分脑力和体力工作。管理者思考计划，工人进行实践。

▷ 工作的基础是企业管理者制定的相关规定。

▷ 工作被分割成了尽量小的环节，以便能更精确地加以描述。

▷ 非专业人士也能完成工作。

▷ 金钱是激励手段，报酬与工作成效挂钩。

▷ 通过研究花费的时间进行工作分析。


工人服从相关规定，就像机器部件要服从整体一样。

——泰勒


基于泰勒的责任划分原则，福特公司发展出了一套单线型管理模式（参见 183 页），将职责分配给不同的员工。这种做法缩短了信息反馈渠道，进而提升了效率。无论是单线型还是多线型管理模式，从这时起，等级式的金字塔模式就成了最典型的组织模式，并一直延续到了今天。在那时，企业希望借助这种等级制度实现生产和管理的可控性、系统性、精确性、可靠性、效率和稳定性。从当时所面临的问题和市场角度而言，这种模式完全是一种成功的理念。但当我们用今天的视角来审视整个问题时，却常常忘记了福特主义（⇨ 参见术语表）中的大规模生产远不止组织原则这么简单。大规模生产商在作用于市场的同时，也对社会产生着影响。如今，我们正处于后福特主义时代，市场高度分化，产品和服务不尽相同，这是一种全新的状况。

🔯 泰勒和福特开启了管理模式的新纪元，但他们的核心理念和思维方式在如今的企业中依然根深蒂固，甚至被视为"与时俱进"的。

但固化的等级制度早已过时，因为：

▶ **它已无法对变化做出恰当的反应**。这主要是因为数据洪流（或信息洪流）。企业管理层需要从所处环境或外部获取关键信息，从而做出决策。但是与环境的接触并不仅限于管理层，而是存在于一个组织的方方面面。比如大客户经理负责客户联络，新闻发言人负责媒体交流，采购负责与供货商或合作商的沟通等。在等级制的组织中，关键数据必须由底层向上层传递，进而进行决策，并对变化做出适当的反应。但在这里可能会产生一个问题，或许对您而言也并不陌生：数据在被整理和丰富后，又被打包和筛选。这一方面是因为管理者们不想阅读冗长的数据，只希望看到最"有意义和必要的"信息。另一方面，这些数据的提供者们希望通过掌控数据来实现更多的主动权。这就导致了决策者利用关键信息做出决策需要过长的时间，最后看到的也只是被处理过的部分现实。

▶ **它阻碍关系网络的发展**。员工和部门的分化阻碍了团队和部门之间的交流。每个团队常常寻求内部认同感，并要求成员忠于团队。一旦出现了不清楚的状况或矛盾，关系网络匮乏的弊端就浮出水面。员工们不会相互交流，而是根据等级制度，将"澄清与解决"的任务提交给了上级。这时，他们已经逐渐忘记了与同事们保持交流、探讨观点的重要性。不这样做的后果就是状况迅速朝着坏的方向发展，升级为"矛盾"。矛盾一级级地向上提交，直到有个部门能出面决策。之后，"上面的人"又开始批评这种推诿责任的做法，抱怨状况的严重性。尽管如此，现实并不会有所改变，因为这种情况也为他们提供了一种控制的契机，让人们感觉到信息和领导的重要性。

▶ **目标冲突早已埋下伏笔**。一个组织往往都会有一个共同的目标。但具体来看，市场部的年度目标与 IT 或财务部的是不同的。而专业部门和销售部门也有各自不同的目标。或许一开始他们并不相互矛盾，但请您试想一下，部门和团队领导他们追求的是什么？当然是自己团队的目标，因为它与报酬挂钩。这就会很快导致部门之间的竞争局面，大家都绞尽脑汁，无论付出怎样的代价，都要实现自己的目标。即便在承认目标冲突的前提下，要寻求合作也会消耗大量的时间和金钱。

▶ **进一步强化竖井心理**。不尽相同的目标和达成目标的动机固化了人们在各自领域内的思想和行为。在等级分明的企业中，各类专家都被绑定在了相应不同的部门中，这就进一步固化了竖井心理，因为它将人们的注意力引导到了各自的专业领域，弱化了跨学科思考。如果各部门在一个项目中共同合作，那么所谓的效率则会首先体现在资源和预算的争夺上。

▶ **权力与关系网络相悖**。关系网络是复杂体系的一个重要特征。尽管人们试图在各类组织中阻止它的发展，但它依旧存在。这种相悖源自何处？当关系网络发展时，随之而来的是权力的流失。权力的实质就是对员工的掌控。而在复杂的组织中，它无法发挥出作用。但是，许多管理者依然不懈尝试。基于"多多益善"

的理念，他们强化控制，进行更严格的管理。所谓的"成功"却通常表现为未能充分发掘潜能，只做分内的事，以及信任的缺失。管理者也是关系网络的一部分，能对关系网络发挥积极的影响，但却没有决定关系网络状况的权力。

▶ **知其然却不知其所以然**。您几乎可以在每一个组织的首页上找到"关于我们"一栏，其中就有当前的组织结构图。他们在这里常会冠冕堂皇地宣布企业的共同目标，但这并不是事实。在组织结构中首先要安排好各种关系，如谁是谁的下属，属于哪个部门等，另外还要对各项任务进行分配。但组织结构图所能提供的信息也仅限于此，它并没有告诉我们"体系"是如何运转的。其中没有明确体现但却似乎更重要的一点是"为什么"，也就是所谓的"所以然"。组织和员工的信念是什么？它产生的原因是什么？

> 世界上最艰难的分离就是与权力的分离。
>
> ——夏尔·莫里斯·德塔列朗－佩里戈尔

您可能会想："近几十年来，我们一直在强调团队合作、沟通能力和社会能力。"诚然，我们不希望员工像机器人一样，一刻不停地做出成绩，但这种态度背后的动机并不是自成目的的。尽管管理层早就发现了等级制组织的弊端——不变性和信息流失，但长期以来他们的应对措施也只是将一些决策权下放。而参与其中的员工必须重新调动已经被摒弃很久的个体主控权。

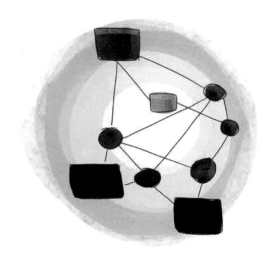

复杂体系是相互关联的

　　人们总是想尽一切办法把人与企业相连。企业认同感这一理念应运而生。但问题是：我们希望更好地利用员工的潜力，却无法改变框架条件。组织没变，结构没变，员工们却要做出更多承诺，提供想法，共同参与决策（至少是在名义上），互相合作，实现"真正"的沟通，这显然是行不通的。一些企业虽然认识到了这一点，但也很难付诸实践。

　　⊗ 在等级体系中，个体的企业化思维是无法发挥作用的。

　　金字塔型等级组织的弊端在很长一段时间里都被一再讨论。我们在思考和探讨是否应该摒弃这种结构。在过去的几十年中，世界已经发生了翻天覆地的变化。无论是关系网络的紧密程度、复杂性和变化性都增加了。考虑到这一点，我们就会马上明白，新的组织形式是必要的。

## 成功的秘诀：放弃金字塔顶与核心控制

在提到日用品连锁店时您会想到什么呢？或许在脑海中会浮现"廉价""价格战"或"工作环境"等关键词吧。可能您也在思考，日用品连锁商 dm 是如何管理德国境内 1,400 多家分店和 34,000 多名员工的。有人自认为深谙此道："和传统模式一样，各分店需要制定清晰的流程和目标，职责分明，以及相应的总部调控等。"如果控制是企业所要追求的最高目标，那么的确可以这样做。

但格茨·维尔纳却另辟蹊径，还因此于 2014 年 9 月获得了德国创业大奖。1973 年，他在卡尔斯鲁厄市中心创办了第一家 dm 超市。获得成功的原因主要是降价、自助式购物和简洁的布局。但据说，正是由于下面的这则小故事，才让格茨·维尔纳开始深入思考，并彻底改变了公司管理理念。20 世纪 90 年代的某一天，他来到一家分店视察工作。在与分店经理交谈时，他靠着的货架倒了，底层的商品碎了一地。分店经理抱怨，这些货架早就该修了，她曾向地区经理反映过，却没有得到回复。格茨·维尔纳或许就在这一刻意识到了严格的等级制度所带来的弊端，于是他便开始推动了一场全面的改革。

dm 连锁超市由此开始由核心控制型向分散控制型企业转变。

分店获得了更多自主权。它们可以自主决定商品类型、安排工作和决定薪水。在一些分店，甚至由员工自己选出领导。总部则会充分接受和落实分店的改进意见。在这里，所谓的组织结构图已经不复存在。dm 的学徒被称为"学习者"。他们会参加话剧表演工作坊，进一步提升自己的表达能力和自信度。

格茨·维尔纳一改传统以企业为中心的做法，将员工和顾客摆在核心位置。早在 1994 年，他就已经放弃了行动销售的手段，确保分店内所有商品价格在四个月内保持稳定。彻底改变经营路线，建立清晰的分散控制制度的成效如何呢？ dm 公司运转良好，将它的竞争者们远远地抛在后面。

> 管理意味着发现人们的需求，自主采取行动。

> ——格茨·维尔纳

在众多由于各种各样的原因放弃等级控制制度的组织中，dm无疑是最知名的一个。分散控制是其中最为关键的，因此在这里，人们经常会提到"网络化组织"（⇨ 参见术语表）这个概念。有人马上就会提出，是不是阶级制度在未来的组织中就不复存在了。我的答案是：不会再有那种通过组织结构图直观呈现的正式等级制度，但非正式的等级制度将一直存在。这里我想再次重申，在我们所说的复杂环境中，自上而下的核心控制不再有效，但在一些部门、项目和任务中，核心控制还是有它的积极作用的。

在每个团体中，领导者和包括非正式等级制度在内的非正式结构共同构成了团体动态过程的结果。相信您一定对"短渠道"不陌生吧，其实它也是大公司能顺利做出决策并落实的有效方式。

> 尤其是对等级制度特别严格的组织而言，非正式结构才是能确保它有效运转的方式。

作为正式结构的补充，非正式结构常包含了组织中缺失的元素。但缺失部分的形成与某种结构的深入程度无关。就像在不少国家都有的"老男孩俱乐部"一样，许多非正式结构的团体相互联系成网络。但在这种关系网络中的等级性并不少于其他的组织形式。那种认为网络化组织是以基层民主为主导的想法显然是不正确的。组织结构图可以被废除，但等级性还将依然存在。

## 用关系网络替代组织结构图

美国加利福尼亚州的晨星公司是一家中型番茄加工企业。它主要将商品销往超市和餐厅，拥有约 400 名员工，农忙时员工数能达到 2,400 人。自从晨星公司改变了原有的金字塔型等级制度，推进自组织管理以来，效益就越来越好。公司不再有上级的概念，而是由员工们共同商定年度目标，将它转换为具体数值。同样，薪水也不再由总部决定，而是由员工自发选举的委员会负责。在机器设备采购部门，确定投资必要性和金额大小是每一位员工的责任。员工们需要充分意识到自己共同承担着责任，对支出、流程和边界条件有充分的知情权。他们掌握着在普通公司只有管理者才掌握的一切，是企业共同的管理者。

> 管理是通过观念，而非通过等级制度实现的。
>
> ——史蒂夫·乔布斯

晨星公司是网络化组织的代表。作家和顾问尼尔斯·弗莱金在他 2013 年的书《适应复杂性的组织》中也引用过这个案例。他还在书中描绘了一种网络化组织的模型，即桃型模式。桃核代表组织的核心部分，环绕着它的是外围部分。简而言之，处于外围部分的各个团队是唯一与市场保持直接联系的部分，也是关系网络创造产值的途径。在长期交流的过程中，它们的市场能力也随之提升，进而实现新的产品创意和革新。外围部分将核心部分与市场相隔，因为这里是实践想法和创新的地方，活力和专注度也同样必不可少。

这时，谁又是组织的主导者呢？答案显而易见，它就是市场。核心不再发挥控制作用，而是起到支持协助作用。但这并不意味着核心只是外围部分的执行机构，双方应该共同探讨可能的产品开发收益和问题解决方案。

在这里至关重要的是，桃型结构是以灵活的任务分配为基础的。一名员工既可以在外围部分的团队里研究创新方案，也可以在核心团队中实践这些方案。员工的角色并不是一成不变的，它可以比如今更灵活。对弗莱金而言，在每个传统金字塔型组织的内部都隐藏着一个桃型结构。它之所以无法发展，是因为等级制度仍在发挥"着主导作用"。

> 今天，所有组织都将由市场所主导。但仍有许多人试图通过等级制度参与其中，共同掌控组织或施加反作用。

桃型模式最典型的特征就是分散控制，它是网络化组织的支点和关键所在。除了 dm 和晨星公司之外，不少其他企业也向我们展示了这种"新的组织形式"。在网上您可以找到大量网络化公司的案例，比如汽车制造商 Local Motors、管理和策略咨询公司 Partake、机械制造公司 Semco S/A、助听器公司 Oticon 以及丰田等。

面对日益增长的复杂性，许多企业不敢改变组织管理方式并不是因为经验不足，而是不愿分权。再者，这一转变本身也是一项高度复杂的任务，无法用普通方法解决，只能根据每个组织的实际情境具体分析。但有一些初始步骤却是大同小异的，例举如下。

**建立网络化组织的初始步骤：**

▷ 请您回答如下问题："我们真的想要这样做吗？"

▷ 允许关系网络的形成，并在管理中就此问题展开讨论。

▷ 实现信息透明化，让员工适应"管理视角"。

▷　开展员工自我管理培训，因为他们或许已经忘记如何做，或从来没有接触过这块内容。

▷　在某个部门进行试点，让员工能够自主工作。

▷　学会用观点或行动的方式而非借由权力产生影响。您的观点或行动必须能发挥重要的作用，并能在团队中引起共鸣。

## 本章要点

▷ 作为一种组织管理模式，金字塔型等级制度对我们而言再熟悉不过了。

▷ 核心控制作为一种追求效率的工具，诞生于工业时代。

▷ 核心控制不是应对复杂性的合适方案。

▷ 金字塔型等级制度对创新和创造产值起阻碍作用。

▷ 关系网络意味着权力的流失。

▷ 网络化组织能够应对复杂性。

应对复杂性

## 4636 任务

2010 年 1 月 12 日，海地首都太子港市周围发生地震，造成了海地历史上最严重的自然灾害。灾后情况混乱，我们无法给出可靠的损失数据，只能大致估算。据不完全统计，灾难大约造成了 31.6 万人丧生，30 万人受伤，超过 100 万人流离失所。太子港市内和周边地区的基础设施破坏极为严重，70% ～ 80% 的紧急呼救系统中断，只有一些无线通信站还能维持工作，或能在维修后快速恢复工作。救援的首要目标是发现救援伤员和被掩埋的灾民。但是，尤其在农村地区，如何找到这些伤员呢?

海地灾难后，这个问题在全球范围内引发了关注。人们启动了数个救援项目，它们在几天之内集结成 4636 任务，并因此拯救了无数人的生命。这次前所未有的成功与众包的方式密不可分。

## 免费短信号码 4636

乔西·内斯比特当时在非政府组织 FrontlineSMS 工作。他当即意识到信息渠道对于挽救海地人生命的重要性，因此便找到了一种利用广播和电话与人建立信息联系的方式。他不仅与美国外交部取得联系，同时也在 Twitter 和 Facebook 等社交媒体上集思广益。一名来自喀麦隆的粉丝建议，可以与海地最大的电信运营商 Digicel 的 IP 负责人取得联系。于是内斯比特迅速采取了行动，在与 Digicel 合作约 48 小时之后就开通了 4636 免费专用短信号码。

现在，要将信息传达到人们的手中，就需要及时处理和发送短信。因此，InSTEDD 组织成员赶到海地，建立了一个技术设施平台。在一年前，受托马斯·路透基金会委托，他们就开始着手研发紧急信息平台。这个平台起初是为了方便记者和灾民之间的联系而设计的，现在也被用作救援工具。

短信号码和平台的正常使用离不开一种"传统技术"，即广播。通过广播，人们不仅可以获得关于医院、饮用水和食物点的信息，还能了解到 4636 免费号码。信息的迅速传播也提升了号码的使用率。高峰时段发送处理的短信达到了每小时 5000 条之多，远远高出了仅通过字节流传输的方式。

## 当地人说克里奥尔语

要深入地处理这些短信，就要对它们进行分类。这时，乔西·内斯比特请来了电脑语言学家罗伯特·芒罗，他在马拉维也曾遇到过类似的情况。在任务过程中，芒罗成了主要的协调者，并启动了许多小项目。他认为其中的一个关键问题就是海地人的语言。在国际救援队中，英语是主要使用的语言，只有少数人会说克里奥尔语或法语。于是他开始在 Facebook 上寻找海地内外的翻译。在很短的时间里，芒罗就找到了多组志愿者。共有来自世界各地的约 2000 名翻译参加到了这项任务中。

## 风险地图

波士顿塔夫茨大学的学生们在 4636 任务中以众包的形式开展了构建"风险地图"的项目。它最初是以相对独立的方式进行的。为了运用地理数据构建受灾地区的风险地图，他们使用了非政府组织 Ushahidi 的平台，同时将 Google 卫星照片与 Facebook 和 Twitter 上的信息相结合。其实这个平台起初是为了非洲而研发使用的，但由于能将短信平台与翻译平台联系在一起，它在海地救援中发挥了关键性的作用。在最初的 10 天，4636 任务和 Ushahidi 组织的核心工作就是寻找和救援地震灾民。后来借助该平台，灾民食品和药物的补给效率提升了 10 倍。

上述三个项目在整个任务中彼此联系，又与救援机构密切相关。有关于 4636 任务的短信、博客及推文都被集中储存整理，必要时被翻译成英语，同时添加或修改相应的地理数据。这种方式帮助形成了统一的信息渠道，人们可以清楚地了解在何时何地需要何种援助。援助机构同样可以随时查看这些信息，并采取相应的行动，如采取或协调救助措施、寻找失踪人员、提供食物、确保医疗供给等。我们很难找到 4636 任务成功救援难民的具体数值，但它的成功是毋庸置疑的。

那么，这项任务获得成功的基本因素都有哪些呢？首先，人们必须确定，在一个大的任务中有数个独立的项目，它们都以众包的形式来承担费用，没有核心控制或协调。参与到每项任务中的各个团体有很强的专业性，彼此之间密切相关。而参与者之间的联系则较为松散，可以相互取长补短。任务由松散的关系相联结，很快形成了密切的关系。能够在短时间内彼此信任，也是因为它是由志愿者构成的，不存在一个正式的权威。参与者可以充分施展他的才能，提供知识和关系网络，为成功贡献自己的一份力量。

### 社会关系网络中密切或松散的关系（▷ 参见术语表）

▷ 人与人之间关系的形成是由于共同经历、情感共鸣或相互帮助，之后可以分化成密切、松散或没有关系这几种。对一个运转良好的关系网络而言，密切和松散的关系都是必要的。彼此了解的人之间通常关系密切。但在一个团队中，他们会有一种与环境相"隔离"的倾向。而松散的关系则让信息的迅速传递交流成为可能，有时还能带来当下欠缺的资源和能力。

从罗伯特·芒罗等领导者身上我们看到了任务成功的必要条件：坚持不懈，遇到困难从不放弃。他们不断巩固积极的做法和措施，对成功或失败做出迅速直接的反馈，让每个人都明白，自己在任务中起着至关重要的作用。

现在让我们来简单回顾一下案例中所体现出的复杂性的关键点。

**自组织**：在 4636 任务中，构思、计划和执行都不是由一个核心部门或所谓的"英雄"来实现的。在不同的领域同时进行着多个独立于彼此的项目，并逐渐随着人员、项目和组织的相互联系形成了一个共同的任务。虽然有领导者和发起人进行决策，推动措施的执行，但他们并没有带着控制管理的目的。

**因素的繁杂**：4636 任务的诞生源自海地内外无数的人和项目，比如灾民、急救机构、医院、供水机构、波士顿大学生团队和各类非政府机构等。由于一场自然灾害，它们彼此之间或多或少都有了深入的交流和联系。

**不可预见性**：对于类似于海地地震这种自然灾害，我们已经不能用错综复杂来形容了，而应该称之为混乱。这也给 4636 任务带来了深远的影响，因为整个任务既不透明，也无法预见。由各类个体项目所构成的自组织又增加了任务的不可预见性。随着时间的推进，任务"模式"才会逐渐显现。

**多样性**：在短短几天内，任务的复杂程度迅速升高。这并不是由于许多人来共同做一件事，而是因为他们根据任务要求，发挥各自的能力和特长做出相应的反应。任务中没有核心部门在分派角色和任务，体系在进行自我组织。

**反馈**：许多参与任务的领导者都会向他们的同事和其他参与者做出相关的信息反馈。在海地，无论是关于成功、失败、新的要求、技术条件、问题还是错误，所有参与者也都会向同事和领导汇报。

**限制**：海地灾民所"带来的"一个限制条件是语言。大部分的海地人说克里奥尔语，而国际救援机构的通用语言是英语。为解决这个问题，4636 任务进行了翻译招募。这个案例很好地展示了限制和体系之间的相互关系。

**体系变化性**：4636 任务体系中也存在着变化性。起初，各个项目都有各自独立的目标，如通知灾民或构建风险地图等。但他们完成这些目标都是为了实现一个更高的共同目标，即尽可能更好地帮助海地度过灾难。而这个共同的目标进一步巩固了各个独立目标，也让独立目标在必要时从属于共同目标成为可能。人们尝试对各种副作用和限制加以利用，而不是维护各自的观点和看法。4636 任务向我们展示了，如何利用体系的变化性实现成功。这是许多组织能够且应该学习的关键。

当然，这个任务也不是完美无缺的，它也有失误。如对一些问题没有深入考虑，以及关系网络性形成得太晚等。虽然它有许多值得改进的地方，但它的确是一次涵盖了约 50 个国家的罕见的全球性项目。有时我也会思考，假如人们用传统的方式计划和管理 4636 任务，那么它又将会在怎样的时间发挥出怎样的作用呢？

作为网络化组织的成功案例，4636 任务不是通过严格的管理，而是以自组织的形式产生的。当然，您无法原原本本地将它运用到您的组织中，因为情境各不相同。

或许您没有机会重新构建您的组织，因为它早已存在。但在现存组织中应对复杂性是完全可能的，没有例外。我们无法从4636 任务中得出具体的方法，但是却能从中得到不少应对复杂体系的好思路。接下来我将再次总结前九章的各类要点和看法，即在应对复杂性时应该做和不该做的事。

## 您不应该怎样做？

**将成功归因于某种方法**：在取得成功后将原因归结于好的方法和系统的管理，这样做是不正确的。在错综复杂的情境中，成功的要素并不只有一种或几种。为了变得更好，我们常常有很大的决心去改变管理工具和方法，有时甚至准备从外部引进专家，告诉我们下一步该如何去做。但我们真正应该做的，是对自己的管理哲学进行反思。有人会认为，"改变可以，但不要改变我。"您对此有何看法呢？

**将体系作为借口**：和"复杂性"一样，"体系"这个概念我们也并不陌生。一旦出现了问题，许多人就会说："这是体系的原因。"言下之意是："我也无能为力。"这种看法很容易导致无所作为或模式的固化。要改变这种状况，就要明白，"体系"与"我们"并不是相互对立的。我们也是体系的一部分，受到它的影响，同时反作用于它。因此我们不应继续推卸责任，而应充分意识到自身的可能性。

**只采用线性思维**：在错综复杂的情境中，将未来视为过去的一种推断并不是恰当的方式。我们在做计划时，往往喜欢基于过去做出预测，并将它扩展为对未来的补充性假设。对于简单或复杂的体系而言，这样做是没有问题的。但在复杂体系中，管理应该基于当下。决策的提出、检验、校对和修改是在许多短周期内进行的。

**将环境划分为软因素和硬因素**：软因素和硬因素的区别被过分夸大了。在许多组织中，这两者被用来定义两种不同的基本行为方式，也构成了管理的两大支柱。在每次变革中，它们都被区别使用。在诸如决策研究和需求管理中，人们往往会采用"硬性"方式。有人希望通过改变结构或过程取得成功，但往往最后的结果也仅仅停留在了结构或过程改变的层面，并不会带来预期的成功。而在涉及改善人际关系或情感"管理"的时候，我们通常会采用"软性"方式，根据"所有人都要相亲相爱的原则"，采取让人"感觉良好"的措施。但无论是"软性"方式还是"硬性"方式都阻碍了合作和讨论，将它们分割运用不利于复杂环境中目标的实现。

**将计划作为一切的标准**：我们必须放弃对未来进行长期的计划和预测。但有人常会反驳说："项目和策略的确需要进行安排。"安排当然是必要的，但它不是线性的、提前规划的一条路。复杂体系中的规划周期是短暂且交互式的，只有这样才能对不断变化的条件做出反应。此外，在我们规划未来时，尽可能将它放到长远的范围中思考，因为今天的一小步所产生的巨大影响可能要在后天才能得以体现。

**囿于个体独立的目标**：只有在处于复杂情境中时，我们才会倾向于这种做法。如今，我所了解的各类组织在实现既定目标的过程中几乎都会运用指数、计分卡或激励策略等方式。这就导致了相关责任人为了达成自己的目标，只将精力集中于其中某一个方面，进而造成竖井思维和行为的固化。然而在复杂的情境中，合作和即兴创意仍是非常必要的。一味强调原则，它们将无法发挥作用。

**将问题与症状相提并论**：我们必须认识到，问题和症状是两回事。比如项目报告没有准时提交，A 部门与 B 部门之间几乎不沟通，或者尽管市场条件具备，销售团队还是没能实现这一季度的销售目标等，这些都是我们容易弄混症状、问题或原因的一些代表性的情况。不要只是一味地"改善"这些症状，应从体系的宏观层面来看待这个问题。

**陷入盲目的行为主义**：如果盲目的行为主义带来了成功，那么它纯属运气。身处复杂情境的管理者很容易走入行为主义的误区。人们总是很难忍受"无所作为"的状况，尤其在周遭混乱的情况下。但这时真正重要的，是对体系的了解。我们需要学会理解和观察体系，发现其中的模式，这样之后的决策才能有坚实的立足点。"做的越多越好"的理论在复杂体系中并不适用。

**"英雄"崇拜**：应该放弃所谓的"英雄理论"。我们太多次地把成功的理由简单归结为管理者的功劳，也常会认为管理者的才能是与生俱来的。但是在复杂体系中，管理者并非其核心关键，他只是体系的一部分。和线性因果关系一样，将他的个人能力作为成功或失败的理由也是不正确的。

　　　　问题本身不是问题，你对问题的看法才是问题。

　　　　　　　　　　　　　　　　　　　　——杰克船长 [1]


## 您应该怎样做？

　　**用复杂的方式行动和思考**：我们必须学会运用复杂性应对复杂问题。以往常见的做法常遵循一定的模式化套路：如 1. 提出问题；2. 找到责任人和过错原因；3. 责令其解决问题。一旦我们发现这个问题对个人而言过于庞大，就会增加解决问题的力量，如此循环往复。但这个线性化的解决方案在错综复杂情境中确实发挥不了多大的作用。我们首先要做的是认识和理解问题的复杂性，并思考：参与方有哪些？体系是什么？变化性导致了哪些相互作用？等等。要给出复杂的应对方式，合作是不可或缺的。只有通过合作才能形成新的观点、变革和进化。管理的第一要务在于为合作营造合适的环境。

　　**了解模式**：我们必须学会去了解模式，这就要借助对团队以及它们之间互动的观察。假如我们仅仅将目光集中于员工、同事或领导个体，就很容易忽视整体体系。模式产生于相互联系或互不联系的人群。简单的观察可以帮助我们发现其中的关系网络模式。同时必须将它和任务相关联，因为实现目标才是关键。了解"真正"的关系网络是管理中最重要的任务之一。

---

1　电影《加勒比海盗》主人公。——译者注

**转换管理视角**：我们必须学会整体思考和管理。仅观察单个因素很容易一叶障目，失去全局视角。但如果我们只从宏观层面进行观察，同样也难以应对复杂性。因此，我们同时需要这两种视角，通过经常在它们之间的来回切换能够发现哪些方面和因素对体系起着关键性的作用。我们不应该孤立地看待两者，而应该将它们视为一个整体，并观察它们之间的联系。

**创造良好的框架条件并做出表率**：我们必须学会如何更好地组织员工，让他们展现出应对复杂的行为能力。如果我们总是用墨守成规的方式来引导员工（比如告诉他们"我们一直是这样做的"），长此以往将无法找到复杂问题的解决方式。在这里，有一点尤为重要：不要轻易否认任何一位员工的做法。营造一个合适的环境，激发员工的潜力是管理的重要任务。没有相互信任和开诚布公就没有合作，因此我们必须塑造良好的框架条件。

**做出假设**：我们必须学会基于假设开展工作。假设和事实之间有着天壤之别。假设是一种猜想，它可以随时被调整、摒弃或修改。事实是一种对"它是什么"的（主观）描述，包括原因和影响等。相比假设（"我们猜测，当前状况是这样"），在管理中我们常把重点放在对事实的处理上（"当前事实就是这样"）。复杂体系无法预测，也无法完全掌握，因此强化对假设的灵活运用，为未来发展尽可能找到一个好的方案是非常有意义的。

**重视差异性**：我们必须学会使用多视角和区别化的方式进行管理。一个对于环境、问题和状况而言唯一正确的视角是不存在的。往往只有在回顾时通过不同的视角进行观察，才能从中总结出错综复杂的事实。在这个过程中，与视角相关的能力、专业领域和观点都应该尽可能不同。不同的团队是形成错综复杂解决方案的基本条件，但仅仅具备这些不同的类型和能力还是不够的。作为管理者必须允许多样性的存在，这就意味着讨论和差异性。

**"它可能会如何发展？"：**我们必须训练在情境中进行思考。一旦制定了年度计划、产品研发计划或项目计划，那么未来也就同时被描述了出来。人们常把它视为事实，用风险管理的方法来处理通往这个蓝图路上的障碍。但未来无法预估，也并非恒久不变，因此我们应该开始尝试在情境中推进各项工作。未来还有可能是怎样的？在（计划的）未来蓝图中，还有哪些是关键因素？哪些因素将变得不那么重要？未来"最糟糕"和"最美好"的情况可能是怎样的？在考虑这些问题的过程中，能够拓宽思路，就各种不同的情境思考不同的解决方案。这也增加了行动方案的备选，至少在框架条件改变时，您已提前对此进行了考量。

**总的来说：**我们必须学会在情境中管理。没有一本菜单式的书籍教您如何应对复杂性，其原因之一就是情境。应当具体观察每个症状、问题、情况和任务各自的关联。曾经适用或在其他状况下适用的方法，如今并不一定能够带来成功。个体的行为也只有在具体情境中才有意义。不要依赖于快速判断和放之四海而皆准的方法，因为复杂性总是意味着相互关联。

**就个人而言，拥有如下品质可以更轻松和有效地应对复杂性：**

▷ 勇气：敢于尝试新鲜事物，敢于犯错。

▷ 坚持：成效往往要到后来才显现。

▷ 放开权力：允许自组织和关系网络的形成。

▷ 对不确定性的容忍度。

▷ 自我反思、自我反思、自我反思……

## 复杂性的应对方案

那么，应该如何称呼这种能够成功应对复杂性的管理模式？新的事物需要一个名字，我把它称作"整体管理"（⇨ 参见术语表），强调的是它的整体性。这种管理着眼于体系全局，而不是将它视为各部分的组合。同时，整体管理也不会忽略局部，而是从另一个角度将它同时考虑在内。一个体系总是以整体的形式运转，不能将它单纯总结或概括为各部分的总和。整体管理并非一种新的管理形式或方法，我更倾向于将它理解为一整套的态度和能力。现在您已读完了全书，因此我在这里简单总结一下这个概念。

**整体管理：**

▷ 观察相互之间的关联。

▷ 同时从微观和宏观层面开展工作。

▷ 变化观察的层次级别，从中选出合适的部分。

▷ 转换观察的视角，在思考时转换角色。

▷ 为所有参与方营造完整的透明性。

▷ 让改变成为可能。

▷ 不断在结构和灵活性之间找到平衡。

　　在书的最后，希望您对复杂性已经有了自己的理解，并能不断补充和完善您的所得。愿您能走出陷阱，将有价值的想法运用于领导者或管理者工作中。最后还有一个问题：我们是否真的需要一种新的管理模式？我的答案简单明了：是的。这是因为普遍运用的方法已不再奏效，我们的思维方式已不适用于错综复杂的情境，也是因为我们当前面对的也已经不再是几十年前的问题。但有一点是肯定的：世界已经发生了改变，现在轮到我们了！

　　所以，祝您成功！

# 附录

## 术语表

### 混乱

在混乱的情境中不存在一个明确的因果关系，即便在回顾时亦无法发现。要在混乱中重新建立体系稳定性，管理者的魅力和领导力是必不可少的。

### 体系

体系是一个"整体"，它的参与方在任务和目标上相联系，彼此融合，并构成了关系网络。在每个组织中都有许多个边界不同的体系。边界定义了什么"属于体系之中"，什么"属于体系之外"。我们在这本书中经常提到的是一种开放式体系，它总在和环境产生着交流和联系（如信息和资源等）。

### 关系网络

体系中相互作用的参与方构成了关系网络。

### 非线性关系

非线性关系最典型的例子就是蝴蝶效应。"巴西的蝴蝶扇动翅膀是否会引起墨西哥的龙卷风"这个问题说明了体系中初始条件的极小偏差经过一段时间都可能会产生巨大的效应。

**难于处理**

复杂情境是以明确的因果关系为特征的，是可以预估的。对此人们可以给出多个合适的解决方案。复杂情境是专家们擅长的领域，因为问题可以通过分析得以解决。

**信息**

信息由数据构成，只有当它被相关接受者理解时，它才成了信息。

**启发法**

我们往往会在时间压力下借助有限的信息工作，因为我们只能看见其中的一部分。这时就需要借助阐述和推测来进行决策。

**复杂性**

本书中，复杂性的定义与相关因素（参与方）的数量以及它们彼此之间的相互作用有关。复杂程度取决于这两者的大小。参与方越多，关系网络越密切，复杂程度也随之提升。

**相互依存性**

体系各参与方之间是相互依赖的。了解体系中有哪些部分，离开它们会产生怎样的影响是相当重要的。

**变化性**

体系中的关系网络会导致持续性的变化和时间上的压力。这些因素之间的相互作用推动了系统的不断发展。它不会停止变化。

**不透明性**

我们无法完全掌握复杂体系中的各个部分及它们的相互作用网络，只能观察到其中的一部分，因此体系中的许多部分对我们而言是无法理解的，表现为不透明性。

**反馈：**

反馈是复杂体系的核心调控机制。领导者或管理者要成功采取行动，就要在专业、流程、人际关系和组织等各个层面建立反馈机制。

**自组织**

每一个复杂体系都是一个自组织，但自组织和外部组织并不是对立的。复杂体系会自发改变结构，形成新的模式，与外界影响无关。对管理者而言，在复杂体系中最为重要的就是纪律和一系列合适的规则。一定的限制（一系列规则）和行为之间相互决定。一个社会体系要取得成功，纪律在限制方面发挥的作用是必不可少的。

**秩序**

在复杂体系中，模式产生并存在于相互作用，并最终通过潜在的限制条件形成了秩序。

**稳定性**

每个体系都有达到稳定状态的倾向，在经历干扰和改变之后同样如此。每个管理者和领导者都应该注意（短暂）稳定的状态和干扰之间的真正平衡。不稳定的状态可以促成改变，是创造力形成的基础。

### 限制

错综复杂的体系也是在一定框架内运转的，也会受到限制。限制作用于体系，同时体系也反作用于限制。比如，一个组织中的潜在规则就是一种限制。

### 多样性：

在复杂体系中，多样性是必不可少的。各种不同的能力、意见、观点和知识会形成讨论和干扰，这也是产生革新、找寻新的观点和方案的前提。

### 不可预见性

复杂体系是非线性的。这意味着一个小的行动随着时间的推移可能会产生重大的影响。因此，要对这类体系做出预测是不可能的。只有在对事件进行回顾时，我们通常才能描绘出体系中的因果联系。

### 层次级别

在复杂体系中，将"合适的"部分和不同的层面联系在一起考虑是十分重要的。个体的思维和行为只有在体系的整体联系中才能做出有意义的解释。

### 体系变化性

关系网络和变化性确保了复杂体系不断向前发展和变化。我们只有通过变化性才能认识和了解一个体系。它是彼此间的相互作用而非简单的因果关系链。

**简单：**

在某个情境中，因果关系对所有参与方而言清楚明了，具有可重复性和透明性。

**检验**

检验或试验法是错综复杂情景中的决策机制。当无法预测一个体系行为的状况时，我们就必须检验在哪些因素的作用下能够实现想要达成的结果。

**适应性**

在进化论中，这个概念指的是生物体对周边环境的适应能力。适应让它改变了自己的特征和行为方式，以达到生存的目的。

**扩展适应：**

扩展适应源于用途的改变，而非只是完善现有的用途。比如人们认为，鸟类的羽毛最初"只有"调节温度的作用。后来，鸟类开始挥动它们的翅膀，这就是扩展适应的体现。而后来这种扩展适应最终发展为真正的飞翔。

**故障—安全：**

在故障—安全方案中，系统以（设想中的）故障防御为基础。在发生错误的情况下，应该要保持所有功能和目标的完善。在这种模式下，如今许多组织和项目都采用错误零容忍的管理方法，因为我们自认为已经考虑和避免了所有的状况。这一点也在错综复杂情境的方案"检验"过程中得到了体现，因为我们的思维依然是线性的，试图寻找的也是成功性最高的方案。

### 安全—故障

安全—故障模式的出发点是，错误的发生是不可避免的。它的核心观念在于："意外不可避免"。复杂情境中的试验法意味着我们必须要经历一些失败，才能发现它的边界所在。

### 适应性体系

适应性体系能够在保持自身完整性的情况下对干扰因素和改变做出反应。它反应灵活，能适应变化的条件，却不改变自己的目标和结果导向，具有学习性。

### 敏捷方法

最初（主要）产生于软件开发行业，但"敏捷理念"也逐渐在 IT 之外的领域中得到了越来越广的运用。Scrum 是其中最为普遍的一种代表形式。各种不同方式的共同点在于改变了传统线性规划的方式和普遍的角色分配理念。

### Scrum

Scrum 是一种源自系统开发领域的流程框架。它并不定义某一种行为模式，只规定角色、活动、工具或文档等，其目标是尽可能地提高工作的灵活度。多次短期迭代、经常性的信息反馈与大量的讨论确保了体系能对条件的变化做出迅速反应。

### 信息匮乏

复杂体系中，领导者和管理者的普遍问题是主观上感到信息的匮乏。这通常表现为关键信息的缺乏和数据过剩。

### 证实偏差

在面对新的信息时，我们往往会寻找能证实自己已有观念的信息，却无意识地忽略了有悖于我们期望的信息。

**关键性**

每位领导者和管理者都应经常引导他人和自己思考关于信息、行为等重要性的问题。我们原本很擅长发现关键性，但却常将它埋没于庞大的数据之中。

**客观**

客观是一种谬论。每个信息、每种认识都受到了我们个人经验、知识、观念和期待的影响。

**团体思维：**

在团体中，我们会倾向于让自己的观点与（被期待的）团体观点相适应，这就会导致团体决策不如有能力的个人做出的决策。

**控制信念**

除自我效能之外，相信自己能够控制某种事物（如某种情况、某个团队等）的信念也是采取行动的重要动力。一旦我们感到对某事"无法控制"，通常就会无所作为。

**自我效能**

当我们自认为能在某个情境中取得相应成绩，就有了自我效能期待。我们更倾向于参与确信自己能发挥出作用的事。

**泰勒主义**

弗雷德里克·泰勒在他的科学管理理论中阐述了工作流程管理，提升效率是其最高目标。为了实现目标，他详细规定了工作步骤和时间限制，确定了单向交流和严格控制的模式。

### 以牙还牙策略

"以其人之道，还治其人之身"的策略源自博弈论。它展示了如何在利己行为能够带来短期利益的情况下实现合作。

### 福特主义：

亨利·福特是通过生产分工、绩效协议和薪资激励等方式实现大规模生产的著名"实践者"。他将泰勒的科学管理理论运用于汽车生产，不仅使生产和销售额最大化，也对当时的社会发展产生了影响。

### 网络化组织

网络化组织的特征是各参与方自主行动，又因共同的目标而彼此密切联系。管理的重点在于体系内的相互作用，而非某个人或某个特征。

### （社会关系网络中的）关系

在社会关系网络中，参与方之间存在着密切或松散的关系。如果彼此了解或有共同的经验，就会形成密切的关系。而关系松散的人只是通过关系网络认识彼此，或由于共同的利益联系在一起。但这两种形式都是相当重要的。密切关系的重要性在于它的亲近和信任，而松散关系则能够让我们在必要时迅速行动，让他人的密切关系发挥作用。

### 整体管理

就整体管理方法而言，如下几个方面是至关重要的：

▷ 系统化的思维和管理。

▷ 时刻关注体系的微观和宏观层面。

▷ 体系中的员工能够发挥出他们的潜能。

▷ 可以进行改变。

整体管理包含的是对人和组织（及其目标）的一种态度。它源自尊重、勇气、好奇心以及对学习和尝试的兴趣和热情。

# 出版后记

2011 年 3 月，日本福岛发生了核事故。事故调查委员会的专家认为，是人为的失误导致了这场本可避免的灾难。除了海啸之外，还有那些因素造成了事故？东京电力和日本政府出现了决策失误和监管疏忽，防波堤高度不足，海啸预警系统无法接入，糟糕的交通事故导致外部运送的发电机被堵在了路上……福岛是个复杂的系统，谁也说不清具体是什么因果关系导致了这次的不幸。而且就算找到了原因，就一定能控制结果吗？要知道，计划永远赶不上变化。

在瞬息万变的当今社会，组织和个人都很难逃脱外部的影响，自身演变也常常出乎意料。错综复杂的关系相互交织、相互作用，让"应对复杂"成为现代管理的必修课。实践表明，在处理复杂问题时，使用因果关系、任务计划等方法往往收效甚微——"简化"不仅不能解决问题，反而还会使组织陷入规则的泥淖，难以适应未来的发展。

IT 工程师，曾为德意志银行、戴姆勒－奔驰、意大利忠利保险提供服务的资深管理培训师斯特凡妮·博格特，用其丰富的专业和管理经验给出了复杂性的应对之法。阅毕此书，读者可以轻松建立起足以应对未来的新型思维方式，还可收获处理复杂问题、让组织转变为"自组织"的实用做法。

服务热线：133-6631-2326　188-1142-1266

服务信箱：reader@hinabook.com

后浪出版公司

2017 年 11 月

图书在版编目（CIP）数据

适应复杂 /（德）斯特凡妮·博格特著；寿雯超译
. -- 南昌：江西人民出版社，2018.7

ISBN 978-7-210-10205-2

Ⅰ. ①适… Ⅱ. ①斯… ②寿… Ⅲ. ①复杂性理论—
研究 Ⅳ. ①N941.4

中国版本图书馆CIP数据核字(2018)第028147号

Published in its Original Edition with the title
Die Irrtümer der Komplexität：Warum wir ein neues Management brauchen
Author：Stephanie Borgert
By GABAL Verlag GmbH
Copyright © GABAL Verlag GmbH, Offenbach
This edition arranged by Beijing ZonesBridge Culture and Media Co., Ltd.
Simplified Chinese edition copyright © 2018 by Post Wave Publishing Consulting (Beijing)
Co.,Ltd.
All Rights Reserved.

版权登记号：14-2018-0020

# 适应复杂

著者：[ 德 ] 斯特凡妮·博格特　译者：寿雯超

责任编辑：辛康南　特约编辑：李峥　筹划出版：银杏树下

出版统筹：吴兴元　营销推广：ONEBOOK　装帧制造：墨白空间

出版发行：江西人民出版社　印刷：天津翔远印刷有限公司

889 毫米 ×1194 毫米　1/32　8.25 印张　字数 158 千字

2018 年 7 月第 1 版　2018 年 7 月第 1 次印刷

ISBN 978-7-210-10205-2

定价：42.00 元

赣版权登字 –01—2018—26

- - - - - - - - - - - - - - - - - - - - - - - - - - - - - - - - - - - - - - - - - - - - - - - - - -